KB010470

우리 선조들의 해학과 육담!

고전 유머

초판 인쇄 / 2011년 3월 5일

초판 2쇄 / 2014년 6월 20일

역은이 / 한국 해학 연구회

펴낸곳 / 사람사이

등록일자 — 2014년 1월 9일

등록번호 — 제 25100-2014-000009

주소 : 서울 노원구 동일로 1127-102동 1411호

전화 : 02-978-3784

우리 선조들의 해학과 육담!

머리말

『고금소총古今笑叢』은 민간에 전해져 내려오는 소화를 모아 놓은 책으로 한국 토속문화의 백미이다. 『고금소총』의 편자는 알 수 없다. 그리고 편찬 연대는 대략 조선 시대 후기인 18세기~19세기로 추정되고 있다.

古今笑叢(고금소총) 육담이란?

태평한화골계전, 어면순, 속어면순, 촌담해이, 명엽지계, 파수록, 어수신화, 진담록, 성수패설, 기문, 교수잡사 등 11종류의 소화집이 한데 묶여 있다. 그 안에는 총 789편의 이야기가 실려 있는데 이 중 약 3분의 1 가량이 육담에 해당한다.

어면순. 속어면순, 촌담해이, 기문 등은 거의 육담으로 채워져 있고, 어수신화, 진담록, 성수패설, 교수잡사에서는 육담이 전체의 3분의 1 내지 2 정도를 차지한다.

반면 태평한화골계전, 파수록, 명엽지해에는 육담이 거의 실려 있지 않다. 『고금소총』은 유교가 지배 이데올로기이던 조선시대 사람들의 탐욕과 어리석음, 추악함을 적나라하게 그리고 있다.

위로는 왕후장상으로부터 학자, 벼슬아치, 양반, 중인, 무당, 판수, 승려, 기생, 노비에 이르기까지 각양각색의 인물들이 등장해 인간 희극을 연출하고 있는 것이다.

특히 남녀의 육담은 그 양이나 질에 있어서 우리나라 어느 문헌보다 풍부하고 노골적으로 그려져 있다.

『고금소총』이 조선 시대 사람들의 성의식에 대한 노다지 광구임에도 불구하고 일반 독자들에게 잘 알려져 있지 못한 것은 원문이 한문으로 되어 있고, 시중에 나와 있는 책들이 대체로 어렵게 번역되어 있는 탓도 일부 있으며, 『고금소총』원전 자체가 시대적 배경이나 서술 방법의 특성상 현대의 독자들이 읽기에 다소 거북하게 되어 있는 점도 그 원인이라고 생각한다.

이 책에서는 쉽고 가볍게 읽을 수 있도록 재미있게 엮어 놓았다.

우리 선조들의 해학과 육담!

웃음 짓는 집안, 한숨짓는 집안

대나무가 울울창창하기로 소문난 대골에는 박씨네와 김씨네 두 집이 살고 있다.

두 집 모두 대밭에서 대나무를 잘라 우산을 만들어 팔고 몇마지기 안되지만 대밭 아래 논에는 가뭄에도 물이 마르지 않아 매년 풍작이라 박씨네와 김씨네는 양식 걱정 없이 살아갔다. 가을에는 논에서 난 볏짚이 좋아 그걸로 짚신도 만들어 팔았다.

박씨네와 김씨네는 꿰맞춘 듯이 다 큰 아들이 둘씩이라 매일 아침이면 두 집 모두 한 아들은 우산을 짊어지고, 다른 아들은 짚신을 짊어지고 인근 고을 장날에 맞춰 장터를 찾아갔다.

두 아들을 장에 보낸 김씨 부부는 하루에도 열두어 번 문을 열고 하늘을 쳐다본다. 비가 주루룩주루룩 오는 날이면 "이걸 어쩌나, 우리 작은놈 짚신 보따리 짊어지고 어느 처마 밑에 쪼그려 앉아 있으려나." 비가 오면 짚신 장수는 공치는 날이라 김씨 부부는 걱정이 늘어졌다. 정말 김씨네 작은 아들은 장터에서 짚신을 팔다가 빗방울이 떨어지자 얼른 보따리를 싸가지고 장터거리 처마 밑에 비 맞은 생쥐처럼 쪼그리고 앉아있었다.

햇살이 쨍쨍한 날이면 김씨네는 또 걱정거리가 생겼다. "우리

큰놈, 우산 한 짐을 지고 이 땡볕에 땀 흘리며 목이 찢어져라 우산 사라고 소리쳐도 누가 쳐다보기나 하려나." 김씨네 큰아들은 그의 부모 걱정대로 땀을 뻘뻘 쏟으며 울상이 돼 돌아다니지만 우산은 하나도 안 팔렸다.

그러나 박씨네는 딴판이었다. 비가 쏟아지는 하늘을 보며 박씨네는 웃음꽃이 만발이다. "우리 맏이 우산 잘 팔리겠네." "그럼요, 그럼." 이뿐인가 어디. 햇살이 쨍쨍한 하늘을 바라보며 "우리 작은놈, 짚신 잘 팔리겠네. 허허허."

우산과 짚신을 팔러나간 박씨네 아이들도 김씨네 아이들과는 달랐다. 우산 팔러나간 큰아들은 햇볕이 쨍쨍한 날은 느티나무 그늘에서 우산 지게를 세워놓고 천하태평 낮잠을 자고, 짚신 팔러 나간 둘째는 비가 오면 주막집에 들어가 넉살 좋게 짚신을 주고 막걸리를 들이켰다.

김씨네는 언제나 집안에 한숨소리뿐이고, 박씨네 집안은 언제나 웃음꽃이다.

이를 두고 사람들이 마음먹기에 달렸다고 하더라.

순진한 선비

어느 무더운 여름날 장터에 파장이 가까워 오는데도 닭을 몇 마리도 팔지 못한 닭장수는 쪼그리고 앉아 잔뜩 인상을 쓰고 애꿎은 연초만 박박 피우고 있는데, 꼴에 선비랍시고 떨어진 넓은 갓을 쓰고 땟국이 흐르는 두루마기에 염소수염을 매단 어수룩한 사람이 뚫어지게 장닭을 내려다보더니 대뜸 "이 닭 얼마요?"라고 묻지 않고 "이게 뭐요?"라고 물어 닭장수의 부아를 돋우는 것이었다.

할 말을 잃고 선비를 째려보던 닭장수가 이선비를 놀릴 생각으로 "봉황이요 봉황!" 냅다 고함을 질렀다. 그런데 이 촌선비 하는 말이 "이게 말로만 듣던 봉황이로구나."

촌선비가 허리를 숙여 장닭에 코가 닿을 듯이 보더니 "이게 얼마요?"라고 묻자 옳다구나 하고 닭장수는 "쉰냥이요 쉰냥." 하고 소리 질렀다. 촌선비는 뒤돌아서서 허리춤을 풀고 만지작거리더니 쉰냥을 닭장수 손에 쥐어주고 닭을 안고 유유히 사라졌다.

"우헤헤헤 이게 웬 횡재냐!" 온종일 장사한 것보다 단 한방에 더 많은 돈을 챙긴 닭장수는 입이 찢어졌다. 닭 값의 열배도 더 받아 챙긴 것이다. '저런 미친놈이 하루에 한 놈만 걸려도 좋으련만…'

닭장수가 신이 나 선술집에서 막걸리 사발을 비우고 있을 때 동

헌에서는 희한한 일이 벌어지고 있었으니 이방이 사또에게 다가가 "나리, 웬 미친놈이 수문장에게 떼를 쓰며 사또께 봉황을 올리겠다고 야단입니다." '봉황?!' 사또는 눈이 휘둥그레졌다.

꾀죄죄한 선비가 보자기로 싼 봉황(?)을 들고 사또 앞에 섰다. "그 속에 봉황이 들었단 말이냐?" "그러하옵니다. 불철주야 우리 고을을 위해 애쓰시는 사또님께 드리려고…" 선비가 보자기를 풀자 장닭이 사또를 우롱하듯이 홰를 치며 꼬끼요~~~목청을 뽑았다.

"네 이놈! 이 사또를 농락하는 게냐. 여봐라, 저놈에게 곤장 스무 대를 쳐라." "아니 사또 나리. 분명히 봉황이라 해서 사왔습니다."

선비가 봉황(?)을 사게 된 자초지종을 설명하자 곧이어 닭장수가 잡혀왔다.

"네놈은 이 순진한 선비에게 닭을 봉황이라 속여 팔았겠다."

얼굴이 불콰해진 닭장수가 "사또 나리 그게 아니고…" 선비가 닭장수의 설명을 가로챘다. "소인이 아무리 본데없는 숙맥이라지만 닭 한 마리를 이백 냥이나 주고 살 턱이 있겠습니까?"

"뭐, 뭐, 뭐라고? 오십 냥을 받았지 내가 언제 이백 냥을 받았어?!"

닭장수가 소리를 질렀지만 벌써 판세는 결정 난 것이었다.

투자한 돈의 네 배인 이백 냥을 챙긴 선비는 동헌을 나와 휘파람을 불며 주막으로 향했고 동헌에서는 철썩철썩 닭장수의 볼기짝 맞는 소리가 바깥까지 들렸다.

칼 그림자

13살 어린 새신랑이 장가가서 신부 집에서 첫날밤을 보내게 되었다.

왁자지껄하던 손님들도 모두 떠나고 신방에 신랑과 신부만 남자 다섯 살 위 신부가 따라주는 합환주를 마시고 어린 신랑은 촛불을 껐다.

신부의 옷고름을 풀어주어야 할 새신랑은 돌아앉아 우두커니 창만 바라보고 있었다. 보름달빛이 교교히 창을 하얗게 물들인 고요한 삼경에 신부의 침 삼키는 소리가 적막을 깨뜨렸다. 바로 그때 '서걱서걱' 창밖에서 음산한 소리가 나더니 달빛 머금은 창에 칼 그림자가 스치고 지나갔다.

어린 새신랑은 온몸에 소름이 돋고 아래위 이빨은 딱딱 부딪쳤다. 할머니한테 들었던 옛날 얘기가 생각났다. 첫날밤에 나이 든 신부의 간부인 중놈이 다락에서 튀어나와 어린 신랑을 칼로 찔러 죽여 뒷간에 빠뜨렸다는 얘기! "시, 시, 신부는 빠, 빠, 빨리 부, 부, 불을 켜시오."

신부가 불을 켜자 어린 신랑은 사시나무 떨듯 와들와들 떨고 있었다. 신부 집은 발칵 뒤집혔다. 꿀물을 타온다, 우황청심환을 가지고 온다, 부산을 떠는데 새신랑은 자기가 데리고 온 하인 억쇠를 불렀다. 행랑방에서 신부 집 청지기와 함께 자던 억쇠가 불려왔다.

어느덧 동이 트자 새신랑은 억쇠가 고삐 잡은 당나귀를 타고 한걸음에 30리 밖 자기 집으로 가버렸다. 새신랑은 두 번 다시 신부 집에 발을 들여놓지 않았다. 춘하추동이 스무 번이나 바뀌며 세월은 속절없이 흘렀다. 그때 그 새신랑은 급제를 해서 벼슬길에 올랐고 새장가를 가서 아들딸에 손주까지 두고 옛일은 까마득히 망각의 강에 흘러 보내 버렸다.

어느 가을날, 친구의 초청을 받아 그 집에서 푸짐한 술상을 받았다. 송이산적에 잘 익은 청주가 나왔다. 두 사람은 당시를 읊으며 주거니 받거니 술잔이 오갔다. 그날도 휘영청 달이 밝아 창호가 하얗게 달빛에 물들었는데 그때 '서걱서걱' 20년 전 첫날밤 신방에서 들었던 그 소리, 그리고 창호지에 어른거리는 칼 그림자! 그는 들고 있던 청주 잔을 떨어트리며 "저 소리, 저 그림자." 하고 벌벌 떨었다.

친구가 껄껄 웃으며 "이 사람아. 저 소리는 대나무

잎 스치는 소리고 저것은 대나무 잎 그
림자야."

그는 얼어붙었다. 세상에 이럴 수가! "맞아 바로 저 소리, 저 그
림자였어. 그때 신방 밖에도 대나무가 있었지." 그는 실성한 사
람처럼 친구 집을 나와 하인을 앞세워 밤새도록 나귀를 타고 삼
경 녘에야 20년 전 처가에 다다랐다. 새 신부(?)는 뒤뜰 별당 채
에서 그때까지 잠 못 들고 희미한 호롱불 아래서 물레를 돌리고
있었다.

그는 문을 열고 "부인!" 하고는 목이 메어 말을 잇지 못했다. 새
신부는 물레만 돌리며 "세월이 많이도 흘렀습니다." 그는 땅을
치며 회한의 눈물을 쏟았지만 세월을 엮어 물레만 돌리는 새신
부의 주름살은 펼 수가 없었다.

벽력과 간통한 아내

한 사대부가 부리는 여종을 간통하고자 일찍이 그 아내가 깊이 잠든 틈을 노려 몰래 여종의 처소로 들어갔다.

그러나 번번이 그 아내가 잠을 깨어 뒤를 밟아 따라옴에 만사가 틀어지니 분하고 아쉬운 심정이었다.

그러던 어느 날 뇌성벽력이 일고 비바람이 크게 일어 천지가 캄캄한지라, 이에 선비가 일부러 여종 처소로 가는 척하고 뒷간 옆 감사가 잡아들여보니, 이런 죽일 놈이 있나? 감사의 종질로 집안의 종손이다에 숨어 있었다. 그 아내가 화가 잔뜩 나서 뒤를 밟아 나오던 중에, 마침 뇌성벽력이 바로 옆으로 떨어지니 부인이 혼비백산하여 정신이 혼미할 때, 선비가 폭풍우와 뇌성벽력 사이를 뚫고 처에게 달려들어 억센 손으로 부인의 고쟁이 벗기고 번갯불에 콩 구워먹듯 빠른 속도로 간통한 후에 방으로 돌아와 코를 골며 누워 자는척 하였다. 그때 반쯤 넋이 나간 아내가 자는 남편을 툭툭 치며 한다는 말이 "벽력도 수놈의 벽락이 있소"

하고 물으니 선비가 대답하기를 "어찌 벽력이라고 수놈이 없겠는가?" 하고 대답하니 아내가 그 말을 듣고 길게 탄식하며 "어이구, 이일을 어쩌할까……."

하고 한탄해 마지않으며 다시는 여종의 처소로 가는 남편의 뒤를 밟지 않았다.

붙잡혀가는 국사범

도화는 나그네를 모시게 되었는데, 둘은 궁합이 맞아 밤새도록 운우의 정을 나눴다. 새벽녘에 깜빡 잠이 들었는데 눈을 떠보니 이미 해가 중천에 떠올라있었다. 나그네는 낭패의 기색을 보이며 넉넉하게 술값을 치르고 나서 물었다. "날이 어두워질 때까지 뒷방에 머물렀다 갈 수 없겠소?"

도화는 웃으며 말했다. "서방님이 원하시면 한평생이라도." 그날 밤 떠나려는 나그네를 도화는 또 잡아 앉히고 술상을 차렸다. 밤늦도록 술을 마시고 금침을 깐 후 도화는 진하게 육탄공세를 퍼부었다. 도화는 가쁜 숨을 몰아쉬며 발가벗은 그대로 나그네 품에 안겨 베갯머리송사로 물었다. "서방님 도대체 무얼 하는 사람이며 어디로 가는 길입니까?"

나그네는 마침내 말이 새지 말 것을 신신당부한 끝에 자신은 역적모의를 하다 수배 받고 있는 국사범이라는 걸 털어놓았다. 나그네가 잠든 사이 도화는 곧바로 사또에게 달려가 고발해버렸다.

꼼짝없이 붙잡힌 이 자는, 순순히 체포돼 가는 품이 만사를 체

념한 것 같았다. 도중 호송군관에게 아부를 잘해 행동은 비교적 자유로워, 마지막 작별인사나 하게 해달라고, 거쳐 가는 고을의 점찍어 놓았던 부잣집마다 저의 친척이라며 찾아들었다. 모두가 보니 군관에게 겹겹이 둘러싸여 끌려가는 중죄인인데, 물론 주인하고는 생면부지다. 영결하는 자리니 단둘이 만나게 해 달라 가지고는 부잣집 주인에게 협박을 한다.

"나는 국사범으로 이번에 가면 죽는 몸이야. 네놈을 연루자로 끌어넣을 테다."

가만있다가는 대단한 곤경을 치를 모양이라, 별도로 흥정이 오갔다. "평양 아무에게로 몇 천냥 표를 써줄 터이니 제발 그러지 마시오."

이렇게 받아낸 여러 장의 돈표를 동지를 시켜 현금으로 받아 챙겼을 때쯤, 호송행렬은 평양에 닿았다.

노름판에 쫓아다니고 이 과부 저 과부 꼬아서 빌붙어 살고 부자 등쳐먹는 소문난 사기꾼으로, 역적이고 충신이고 국사에 끼어들 인물이 될 수 없는 녀석

이다. 감사는 그놈이 사기를 친 줄 뻔히 알지만 잘못하면 집안의 치부가 드러날 것 같아 우선 옥에 가두어두고 국사범이 아니란 걸 밝힌 후 곤장 열대를 때려 내보냈다. 하여튼 스스로 국사범이 되어 잡혀가는 중죄인으로 꾸며서 한탕을 친 솜씨는 대단해 감사는 혀를 찼다.

후에 이일을 전해들은 사람들이 그 꾀어 박장대소를 하였다.

남의 다리 긁기

어느 바보가 날이 어두워 주막에 들러 잠을 자게 되었다.

빈 방이 없으니 다른 사람과 같이 쓰시지요.

다른 손님들은 곤히 자면서 코를 고니…

이거 원… 시끄러워 잠을 잘 수가 있나.

드르렁 쿨…

다리는 또 왜 이리 가려불꼬

벅벅

이거야… 아무리 긁어도 시원치 않으니 이상하구만

벅벅

더욱 힘을 주고 긁어도 여전히 시원치가 않아 더욱 세게 긁었는데

에라 벅벅 긁어라

옆에서 자던 사람이 일어나 소리를 질렀다.

이것보슈! 왜 남의 다리를 긁어 아프게 하는 거요?

벌떡

이 소리에 놀란 바보는 그제서야 남의 다리를 긁은 것을 알았다.

아~!

?

내 다리를 긁어서 시원치가 않는데… 그게…

당신 다리였구료.

이와 같은 바보도 있더라‥

개밥그릇

　나른한 한낮의 열기에 만물이 축 늘어져 있는데 양반의 발 옆에 강아지 한마리가 게걸스럽게 밥을 먹고 있었다. 무심코 내려다 보던 양반의 눈길이 개밥그릇에 딱 멎었다. 먹다 남은 개밥이 말라붙고 또 말라붙어 꼬질꼬질했지만 이게 보통 물건이 아니다. 가만히 다가가 자세히 봤더니 연화문고려청자접시가 아닌가!

　강아지 옆으로 서너 걸음 떨어져 이 세 칸 초가집 주인인 듯 한 꾀죄죄한 사팔뜨기 노인네가 맷방석에 고추를 말리고 있었다.

　양반은 얼른 앉았던 자리에 다시 앉아 눈길을 돌리고 장죽을 꺼내 물었다. 횡재수가 생긴 지라 그의 가슴은 쿵쿵 뛰었다. 양반은 시치미를 떼고 "노인장, 오늘은 더위가 대단합니다그려. 물 한 사발 얻어 마실 수 있겠소이까?" "그러시구려." 사팔뜨기 노인은 일어서서 자박자박 부엌으로 걸어가 물 한 사발을 떠왔다.

　단숨에 물을 마신 양반은 다시 감나무 그늘에 앉아 올 농사가 어떠냐는 둥 이 얘기 저 얘기 시시껄렁하게 노인에게 말을 걸다가 "이 강아지가 눈빛이 초롱초롱하니 싹이 보입니다그려." 사팔뜨기 노인은 대꾸도 없이 하던 일을 계속했다.

"이놈을 잘 훈련시키면 멧돼지 멱을 물고 늘어지겠는데…." 강아지 머리를 쓰다듬던 양반은 사팔뜨기 노인을 보고 "이 강아지 제게 파시오. 후하게 값을 쳐줄 터이니."

노인은 "파는 강아지가 아닙니다요." 하고 하던 일에만 열중하는 것이 아닌가.

"노인장, 그러지 마시고 내 열냥을 드리리다." 열냥이면 개장수에게 팔려가는 가장 좋은 개값이다. "고개 넘어 장터에 가면 강아지 장수들이 널려 있으니 거기 가서 사시오." 양반은 달아올랐다. "스무냥!" 사팔뜨기 노인은 고개를 젓는다. "서른냥!" "마흔냥!" "쉰냥 여기 있소이다. 이 강아지 데려갑니다!"

하던 일을 멈추고 일어선 노인이 쉰냥을 받아 주머니에 넣으며 "별 양반 다 보겠네. 그 강아지가 그렇게 갖고 싶으면 데려가시오."

양반은 활짝 웃으며 "고맙소이다 노인장." 양반이 강아지를 안고 슬그머니 개밥그릇도 집어 들자, 노인네가 "나는 강아지만 팔았지 밥그릇까지 판 것은

아니외다."

딱 부러지게 말하며 개밥그릇을 낚아챘다. "이까짓 개밥그릇 끼워서 주지 않고…." "이까짓 이라니, 연화문고려청자접시는 우리 집 가보요!'

양반이 땅이 꺼져라 한숨을 쉬고 떠나자 사팔뜨기 노인은 고개를 돌려 소리쳤다.

"얘야, 낚싯밥이 떨어졌다." 며느리가 생글생글 웃으며 강아지 한 마리를 안고 나왔다.
이 얼마나 장사를 잘하는 노인인가?

부부지간은 몇 촌?

첩첩산중 강원도 정선 땅에 사냥을 업으로 사는 사람이 있었는데, 하루는 첩첩산중을 헤매던 중 풀숲에서 몸을 낮추는 짐승을 향해 활시위를 쏘고 부리나케 달려가 보니 아니 웬걸! 사냥꾼의 화살에 맞아 죽은 것은 짐승이 아니라 약초 캐던 노인이 아닌가. 사냥꾼은 노인의 시체를 정성껏 염해서 범바위 바로 아래 양지 바른 곳에 묻고 나서 목마를 때 마시려고 차고 다니던 표주박의 막걸리를 따라놓고 눈물을 흘리며 절을 했다.

그리고 나서 자신도 소나무에 목을 매고 죽으려 했지만 눈앞에 아른거리는, 늦장가를 들어 얻은 외아들 개똥이와 아내 모습에 그만 올가미를 벗고 집으로 돌아왔다. 집으로 돌아온 후 한숨만 푹푹 쉬는 남편을 보고 부인이 무슨 일인가 하고 캐물으니 사냥꾼은 자초지종을 털어놓고 날이 새면 관가에 가서 자수해야겠다고 했다.

그 당시 살인자는 이유 여하를 막론하고 사형을 당하는 시절이라 부인이 펄쩍 뛰며 "여보, 하늘 아래 그걸 아는 건 우리 세 식구뿐이잖아요. 당신 없이 우린 어떻게 살라고…"하며 울음을 터트렸다. 이튿날

아침, 늦게 일어난 사냥꾼 부인이 개밥을 주려고 누렁이를 찾았지만 끝내 보이지 않았으나 이 판국에 개 없어진 것이 문제가 될 것인가.

그렇게 세월은 흘러 3년이 지났다. 그때 그 일은 모두 잊어버리고 15세 개똥동이는 아버지를 도와 사냥감을 몰고 아버지는 목을 지키다가 활시위를 당겨 보는 족족 잡아 광 속엔 산짐승 모피가 가득했다.

그러던 어느 날, 사냥꾼 부자는 3일 동안 사냥을 하고 집으로 돌아와 털썩 주저앉고 말았다. 광 속의 모피를 몽땅 털어 부인이 집을 나간 것이다.

사냥꾼 부자는 몇날 며칠 수소문 끝에 부인의 행방을 알아냈다. 모피수집상과 눈이 맞아 정선 읍내에 새살림을 차린 것이다.

사냥꾼 부자가 그 집을 찾아가 "네 이년, 당장 동헌으로 가자." 부인은 배시시 웃으며 "사또 앞으로 가자, 이 말씀이군요. 갑시다." 부인이 꼿꼿하게 대들자 사냥꾼은 가슴이 철렁 내려앉았다. 3년 전 그 일이 떠오른 것이다. 동헌으로 가는 길에 개똥이가 몰래 아버지 귀에 속삭였다. "아버님 사또 앞에 가거든 절대로 그

런 일 없다고 딱 잡아떼세요. 저만 믿으시고! 그들은 사또 앞에 섰다. 부인이 앙칼지게 말했다. "이 살인자하고 살 수 없어 제 발로 집을 나왔습니다."하고 그동안의 일을 사또하게 고하니 사냥꾼이 "나는 짐승 잡는 사냥꾼이지 사람 잡는 망나니가 아닙니다."하는 것이 아닌가.

이에 사또가 육방관속을 거느리고 사냥꾼 부인을 앞세워 범바위로 올라갔다. 포졸들이 땅을 파자 뼈가 나왔다. 이방이 "사또 나리 이것은 사람 뼈가 아니라 네발 달린 짐승 뼈이옵니다."하고 고하니 사또가 화가 나서 소리쳤다. "여봐라 저년을 당장 옥에 가두고 간부도 잡아넣으렷다."

일이 그렇게 마무리가 되고, 호롱불 아래 사냥꾼과 아들 개똥이가 마주 앉았다. "어떻게 된 셈이냐?" 사냥꾼이 물었다. 3년 전 "그날 밤, 아버지 어머니께서 잠드신 후 몰래 범바위로 올라가 시체를 파내어 멀리 뒷산에 묻고 따라온 우리 집 개를 잡아 그 자리에 묻었습니다. 부부지간은 촌수가 없습니다, 촌수도 없을 만큼 가까울 수도 있고 촌수도 없을 만큼 남남일 수도 있습니다."

명주 고름

어느 주막의 여주인이, 손님에게 저녁에 술밥까지 대접하고 잠이 깊이 들었는데 서방이 한밤중에 밖에서 들어와 곁에 누우며 그 짓을 요구하니까, 이 마누라 하는 말이 "금방 그러고 왜 잠도 못 자게 그래요" 하는 게 아닌가. 서방은 지금 들어왔는데 누구랑 그 짓을 했단 말인가 손님 중의 누군가의 짓이라. 이튿날 손님들을 떠나지 못하게 붙들어놓고 관에 고발하였다.

우선 손님 셋을 옥에 가뒀는데 청년 장년 노인이었다. 원님은 현장을 잡은 것도 아니어서 판별하기 어려운 문제라 골치를 아팠다. 점심을 먹으러 내아에 들어서도 밥상 앞에서 골똘히 생각하자 부인이 무슨 걱정이냐고 물었다. 원님이 이런저런 사건의 고발을 어떻게 처리할지 모르겠다고 말했더니 부인이 손수 관가의 옥으로 가서 갇혀 있는 세 사람을 보고 돌아오더니 "그것은 어려운 일이 아닙니다." 하며 이렇게 이렇게 하라고 원님에게 가르쳐줬다. 원님은 점심상을 얼른 물리고 동헌으로 나가 주모를 불렀다.

"주모에게 묻노라. 어두워서 얼굴은 못 봤을 것이니 솔직하게 느꼈던 대로 말하라! 쇠꼬챙이로 찌르는 것 같더냐? 아니면 절굿

공이로 짓찧는 것 같더냐? 명주 고름으로 문지르는 것 같더냐?"

주막쟁이라도 여자 체면에 낯이 홍당무가 되면서 대답한다. "아주 곱상하니 명주 고름으로 문지르는 것 같았습니다."

"제 서방하고 다르거든 그때 무슨 조치를 차릴 것이지. 여봐라! 저 늙은이를…"

청년, 장년, 노인 숙박객 중 늙은이를 형틀에 올려 매고 곤장을 안기니까 애고대고 엄살을 부리며 자복을 한다.

"여염 사람도 아니고 그 짓을 했거든 값을 치르고 떠날 것이지 고을 안을 시끄럽게 한단 말이냐?"

그리하여 상당한 금액을 치르고 일은 마무리가 되었다. 그런데 이렇게 되고 보니 사또는 부인이 의심스러웠다.

이런 줄도 모르고 부인은 자신이 사건을 명쾌하게 해결해줬으니 칭찬을 들을 줄 알았는데, 퇴청해서 집에 들어온 원님은 싸늘하니 부인에게 눈길 한번 주지 않는 것이었다. 부인이 어떻게 되었느냐고 물어도

대답이 없다. "여봐라, 밖에 누가 없느냐?"
원님은 하인을 불러 금침을 동헌 침방으로
옮기라 일렀다. 저녁상을 물리고 난 원님은
혼자서 동헌으로 가버렸다. 무슨 영문인지 몰라 어리둥절하던
부인이 곰곰이 생각하다가 무릎을 쳤다. 부인은 호롱불을 들고
동헌 침방으로 갔다. 원님은 혼자서 술을 마시고 있었다.

"이실직고 하겠습니다. 저는 쇠꼬챙이에 찔려도 봤고 절굿공이
에 짓찧어져도 봤고 명주 고름에 문질려도 봤습니다. 쇠꼬챙이
에 찔린 것은 40년 전이었고 절굿공이에 짓찧어져본 것은 20년
전이었고 명주 고름 맞은 근년이옵니다."

회갑을 넘긴 원님은 부인을 의심했던 게 부끄러워 불을 끄고 오
랜만에 부인을 쓰러뜨렸다. 동헌의 침방은 색다른 분위기라 운
우의 정이 격렬했다. "서방님, 절굿공이로 돌아왔습니다."
이 일을 전해들은 사람들이 한바탕 크게 웃더라.

대신시키기

아주 근엄한 관찰사가 영남지방에 내려와 마을을 지나게 되었는데…

쉬~ 물렀거라!

관찰사 나으리 가신다~

긴 담뱃대를 비스듬히 물고 사방을 두리번거리며 행차하니 위엄 있는 모습에 마치 신선 같았다.

이에 마을 사람들이 쳐다보면서

정말이지 근엄하신 게 신선 같다니까.

고귀한 분이시니

이때 구경꾼 한 사람이 옆 사람을 보고 물었다.

뫼소!

?

저 관찰사 나으리같이 귀한 몸이 어찌 옷을 벗으며 부인과 살과 맞대며 잠자리를 할까요?

그러자 옆 사람이 손을 내저으며 다음과 같이 응수했다.

아이고 저런 고귀하고 신선 같은 분이 어찌 부인과 몸소 하시겠소!

아마 반드시 힘 좋은 병방비장에게 시켜놓고 구경만 하실 거요!

푸하하하

두 사람의 얘기를 듣던 사람들이 너무 웃어 허리가 잘록 해졌다더라~

돌아온 산삼

 어느 산골마을에 사는 나무꾼 박씨는 걱정이 태산이었다. 혼기를 한참이나 넘긴 딸이 올해는 가겠지 했는데 또 한해가 속절없이 흘러 딸애는 또 한살 더 먹어 스물두 살이 되었기 때문이다. 살림이라도 넉넉했으면 진작 갔겠지만 살림마저도 넉넉지가 않았기 때문이었다.

 일 년 열두 달 명절과 날씨가 좋지 않은 날만 빼고는 하루도 빠짐없이 산에 올라 나무를 베서 장에 내다 팔지만 세 식구 입에 풀칠하기도 바빴다. 가끔씩 매파가 와서 중매를 서지만 혼수 흉내낼 돈도 없어 한숨만 토하다 보낸 적이 한두 번이 아니었다. 세상에 법 없어도 살아갈 착한 박씨지만 한평생 배운 것이라고는 나무장사뿐인데 요즘은 몸도 젊은 시절과 달라 힘에 부쳐 나무 짐도 점점 작아졌다.

 어느 눈이 펄펄 오는 날, 박씨는 지게에 도끼를 얹고 산으로 갔다. 화력 좋은 굴참나무를 찾아 헤매던 박씨의 눈에 새하얀 눈 위로 새빨간 산삼 열매가 보석처럼 반짝이고 있는 것이 아닌가. 박씨가 100년 묵은 산삼 한 뿌리를 캤다는 소문은 금방 저잣거리에 퍼져 약재상들이 찾아왔다.

"박씨, 산삼을 들고 주막으로 가세. 천석
꾼 부자 김참봉이 기다리고 있네."

박씨는 이끼로 싼 산삼을 보자기에 싸들고 약재상을 따라 저잣
거리 주막으로 갔다. 김참봉과 그의 수하들이 술상을 차려놓고
박씨를 기다리고 주막을 제집처럼 여기는 노름꾼들, 껄렁패들도
산삼을 구경하려고 몰려들었다. 마침내 박씨가 보자기를 풀자
100년생 동자산삼이 그 모습을 드러냈다. 와~ 하고 모두가 탄성
을 지를 때 누군가 번개처럼 산삼을 낚아채더니 와그작와그작
하고 씹어 먹는 것이 아닌가.

주막은 아수라장이 되었다. 김참봉의 수하들이 산삼도둑의 멱
살을 잡아 올려보니 폐병으로 콜록콜록 하는 놀음쟁이 허생이었
다. 제대로 놀음판에 끼지도 못하고 뒷전에서 심부름이나 하고
고라나 뜯는, 집도 절도 없는 젊은 놈팡이 허생은 코피가 터지고
입술은 탱탱 부어오른 채 김참봉 수하들에 의해 방바닥에 구겨
져 있었다.

화가 머리끝까지 난 김참봉은 수하들에게

"이놈을 포박해서 우리 집으로 끌고 가렸다. 이놈의
배를 갈라 산삼을 끄집어 낼 테다."

하는 일갈에 허생은 사색이 되었다. 바로 그때 마음씨 착한 박씨가 그런 허생이 불쌍해 보여 나섰다.

"참봉어른, 아직까지 허생의 뱃속에 있는 그 산삼은 제 것입니다요. 이놈의 배를 째든지 통째로 삶든지 제가 하겠습니다."

하고 말하니 듣고 보니 그 말이 맞는 것이 아닌가. 김참봉은 산삼을 사지 못한 것은 아쉬운 일이나 돈 들일이 없으니 손해볼 것도 아니어서 아쉬운 마음을 접고 돌아갔다.

박씨는 허생을 데리고 나와 동구 밖에서 그를 풀어줬다. 눈밭 속으로 허생이 사라진 후 아무도 그를 본 사람은 없었다.

박씨는 막걸리 한 사발을 마시며 크게 한숨을 토했다.

"그걸 팔아 딸애 시집보내려 했는데… 배를 쨌던 산삼이 멀쩡할까, 내 팔자에 웬 그런 복이…."

3년의 세월이 흐른 어느 봄날, 예나 다름없이 박씨가 나뭇짐을 지고 산을 내려와 집마당으로 들어오니 갓을 쓰고 비단두루마기를 입은 젊은이가 넙죽 절을 하는 게 아닌가.

　　　　　　　　　"소인 허생입니다."

　피골이 상접했던 모습은 어디 가고 얼굴에 살이 오르고 어깨가 떡 벌어져 다른 사람이 되어 있었다. 허생은 산삼을 먹고 폐병이 완치돼 마포나루터에 진을 치고 장사판에 뛰어들어 거상이 되었다. 꽃 피고 새 우는 화창한 봄날, 허생과 박씨 딸이 혼례를 올렸다. 박씨는 더 이상 나무지게를 지지 않고 저잣거리 대궐 같은 기와집에 하인을 두고 살았다. 후에 사람들이 박씨의 착한 마음이 복을 가져왔다고들 칭찬을 하였다.

빌려준 씨앗 돌려주오.

어느 마을에 오가와 이가가 살았는데 앞뒷집에 사는 데다 동갑이라 어릴 때부터 네 집 내 집이 따로 없이 형제처럼 함께 뒹굴며 자랐다. 둘 다 비슷한 시기에 장가를 들었지만 오가 마누라는 아들을 쑥쑥 뽑아내는데 뒷집 이가네는 아들이고 딸이고 감감무소식이라. 의원을 찾아 온갖 약을 지어 먹었지만 백약이 무효였다.

설이 다가와 두 사람은 대목장을 보러갔다. 오가가 아이들 신발도 사고, 아이들이 뚫어놓은 문에 새로 바를 창호지도 사는 걸 이가는 부럽게 바라봤다. 대목장을 다 본 두 사람은 대폿집에 들러 거하게 막걸리 잔을 나누고 집으로 돌아왔다. 앞집 오가네 아들 셋은 동구 밖까지 나와 아버지 보따리를 나눠들고 집으로 들어가 떠들썩하게 자기 신발을 신어보고 야단인데 뒷집 이가네는 적막강산이었다.

제수를 부엌에 던진 이가는 창호를 손으로 뜯으며
"이놈의 문은 3년이 가도 5년이 가도 구멍 하나 안 나니…"
라고 소리치다 발을 뻗치고 울었다. 이 소리를 들은 이가 마누라도 부엌에서 앞치마를 흠씬 적셨다.

바쁜 설날 여자들은 눈코 뜰 새 없이 바쁜 날을 보내고 있었다. 꼭두새벽부터 차례 상 차린다, 세배꾼들 상 차린다, 친척들 술상 차린다.… 정신이 없었다. 설날 저녁, 주막에서는 동네 남정네들의 윷판이 벌어졌다. 이가는 오가를 뒷방으로 끌고 가 호젓이 단 둘이서 술상을 마주했다. 이가가 오가의 손을 두 손으로 덥석 잡고 애원했다.

"내 청을 뿌리치지 말게."
"무슨 일인가, 자네를 위한 일이면 무엇이든 하겠네."

이가가 오가의 귀에 대고 소곤거리자 오가는 화들짝 놀라 손을 저으며 말했다.

"그건 안 돼, 그건 안 되네."

이가는 울상이 돼 말했다.

"이 사람아, 하루 이틀에 나온 생각이 아닐세. 천지신명과 자네와 나, 이렇게 셋만이 아는 일. 내가 불쌍하지도 않은가."

이가는 통사정을 하고 오가는 고개를 푹 숙이고 있다가 연거푸 동동주 석잔을 들이 켰다. 밤은 깊어 삼경인데 피곤에 절어 이가 마누라는 안방에서 곯아떨어졌다. 안방 문을 열고 슬며시 들어와 옷을 벗고 이가 마누라를 껴안은 사람은 이가가 아니라 오가였다. 확 풍기는 술 냄새에 고개를 돌리고 잠에 취해 비몽사몽간에 고쟁이도 안 벗은 채 이가 마누라는 다리를 벌리고 일을 치렀다.

이가 마누라가 다시 깊은 잠 속으로 빠진 걸 보고 오가는 슬며시 안방에서 빠져 나오고 이가가 들어갔다. 그 일이 있은 후 이가 마누라는 입덧을 하더니 추수가 끝나자 달덩이 같은 아들을 낳았다. 이가 마누라는 감격에 겨워 흐느껴 울었다.

어렵게 얻은 아들이 서당을 다니면서 근동에 신동이 났다고 소문이 자자했다. 오가는 틈만 나면 담 너머로 이가 아들을 물끄러미 쳐다봤다. 오가가 어느 날 서당에 들렀더니 훈장은 출타하고 일곱 살 난 이가 아들이 훈장을 대신해 학동들에게 소학을 가르치고 있었다. 학동들 사이엔 열 살, 열두 살, 열다섯 살인 오가 아들 셋도 끼어 있었다.

어느 날 이가와 오가가 장에 가는데, 길에서 만난 훈장이 이가

를 보고 "아들이 천재요, 내년엔 초시를 보
도록 합시다." 하고 말하는 것이 아닌가.

오가는 속이 뒤집혔다. 며칠 후 오가가 이가를 데리고 주막에
가서 벌컥벌컥 술을 마시더니 느닷없이 말했다.

"내 아들, 돌려주게."
하고 오가가 말하자 그 말이 이가의 가슴에 비수처럼 꽂혔다.
몇날 며칠을 두고 둘은 멱살잡이를 하다가 술잔을 놓고 밤새도
록 말다툼을 하다가 마침내 사또 앞까지 가는 송사가 됐다. 오가
는 천륜을 앞세우고 이가는 약조를 앞세우며 서로 한 치도 물러
서지 않았다. 사또도 선뜻 결정할 수가 없었다. 사또가 이가 아
들을 데려오게 해서 자초지종을 다 얘기하고 나서 사또가 물었
다.

"네 생각은 어떠냐?"
하고 물으니 일곱 살 난 이가의 아들이 하늘을 쳐다보고 눈물을
훔치더니 말했다.

"지난봄에 모심기 할 때 앞집에서 모가 모자라 우리
집 남는 모를 얻어가 심었습니다. 가을 추수할 때 우리
집에서는 앞집에 대고 우리 모를 심어 추수한 나락을

내놓으라 하지 않았습니다.”

아이의 말이 끝나자마자 사또는 큰소리로 말했다.

“재판 끝! 오가는 들어라, 앞으로 두 번 다시 그런 헛소리를 할 땐 곤장을 각오하라.”

“아버지, 집으로 갑시다.”

아들의 손을 잡고 집으로 가며 이가는 눈물이 앞을 가려 몇 번이나 걸음을 멈췄었다고 한다.

코로 대신하기

타고난 성욕을 가진 여인이 양 근이 큰 남자와 자보는 게 소원이었다. 여인은 양 근이 큰 남자를 찾으러 온 종일 시장엘 다녀보는데…

아! 언제쯤 만나나!

어느 날 한 남자를 보니 대삿갓을 썼는데도 코가 너무 커서 삿갓 밖으로 나와 있는 것이었다.

에구머니나! 드뎌~ 저 사람이다!

그래그래 저 사람이라 면 내 욕망을 충족시 켜줄 수 있겠다.

여인은 어찌어찌하여 코가 큰 남 자를 집에 데려와 잠자리를 하 게 되었는데

에그머낙

손으로 만져보니 코가 큰 남자는 양 근이 새끼손가락 밖에 되지 않 았더라.

좋은 술과 음식으로 대접해 겨우 일을 치 르는가, 했더니

큰 기대가 무너진 것이 너무 분한 여인은

할 수 없소!

이 코로라도 양 근을 대신해 내 욕망을 풀어야겠소!

남자는 무진장 곤욕을 치 렀는데 해가 중천에 뜰 때 까지였다.

뒤에 이 얘기를 전해들은 사람들은 배 를 움켜잡고 웃었다.

진짜여~

와하하 하

포목점 왕집사

　박참봉은 상주에서 으뜸가는 부자다. 호탕한 성격의 박참봉은 돈벌이에 매달려 골치를 썩이지 않았다. 농사일은 이집사에게 맡기고 포목점은 왕집사, 해산물 도매는 남집사, 소금 도매는 김집사에게 각각 맡기고 박참봉은 주로 선비들과 어울려 풍류를 즐겼다. 박참봉은 애첩 매월이에게 맡겨 널찍한 요리집도 운영했다.

　한해를 마무리 하는 결산일이 되었다. 집사들은 모두 장부를 가지고 요리집으로 모여 박참봉 앞에서 한해 영업실적을 보고했다. 농사 담당 이집사는 작황을 보고하며 올 가을에도 천석은 문제없다고 큰소리치고, 해산물 도매 남집사는 한해 이익이 천이백오십 냥이 났다고 보고하고, 소금 도매 김집사도 칠백이십냥 흑자를 보고하는데, 포목점 왕집사는 삼백사십 냥 적자를 보고했다. 이유인즉슨 백부상에 다녀왔더니 창고에 엽연초 연기소독을 하지 않아 쌓아둔 포목에 좀이 슬었기 때문이라며 자신의 불찰이라 고개 숙였다.

　박참봉은 "싸움에 이기고 지는 것은 병가지상사요, 장사에 돈 벌고 밑지는 것은 상가지상사요." 하고 껄껄 웃으며 왕집사의 어

깨를 두드렸다.

결산이 끝난 후 질펀한 술판이 벌어졌다.
박참봉이 돌리는 매실주·감로주·인삼주에 모두가 대취했을
때 한줄기 바람이 불어와 촛불을 꺼버렸다. 그때 "엄마야" 하는
박참봉 애첩, 매월의 비명이 들리고 곧이어 불이 켜지고 술판은
이어졌다.

이튿날 아침, 매월이 꿀물을 타서 박참봉에게 들고 왔다. "나으
리 소첩이 어젯밤에 왜 비명을 질렀는지 아십니까? 왕집사라는
인간이 포목점도 적자 낸 주제에 불이 꺼지자 소첩의 허벅지에
손이 들어오지 뭡니까." 박참봉은 허허 웃으며 "매월의 허벅지
에 들어간 손은 왕집사 손이 아니고 내 손이야." 박참봉은 왕집
사 짓이란 걸 알았지만 덮어버렸다.

상주고을에 돈을 주고 벼슬을 산 악덕 원님이 새로 부임했는데,
박참봉을 들들 볶기 시작했다. 돈을 바쳐도 밑 빠진 독에 물 붓기
더니 급기야 소금 도매상과 건어물 도매상을 원님의
종형에게 넘기라 협박했다. 거절한 지 닷새 만에 박참
봉은 옥에 갇혔다. 가을이 두 번이나 바뀌고 박참봉이
출옥했을 때 옥사 앞에 왕집사가 생두부를 들고 기다

렸다. 부인은 친정으로 가버렸고 매월이는 원님의 애첩이 되어 있었고 이집사는 논을 다 팔아먹고 도망갔고 남집사와 김집사도 해산물 도매상과 소금 도매상을 헐값에 원님 종형에게 팔고 도망가 버렸다.

그날 밤 촛불 아래서 왕집사가 장부를 펼쳤다. "아직도 참봉 어른은 부자이십니다. 2년 동안 포목점 이익이 이만 칠천 백 오십 냥입니다."

허허 웃는 박참봉의 두 눈에 눈물이 고였다.

엄마는 뭘 모르시네!

옛날 어느 시골의 한 선비가 사람은 좀 어리석었으나 집안은 넉넉한 편이어서 행복하게 살고 있었다. 그런데 이 선비가 여색을 매우 밝히는 편이었다.

선비의 집에는 꽃다운 나이인 16세의 한 여종이 있었다. 이 여종은 어릴 때부터 안방마님이 꼭 끼고 살아 그 나이가 되도록 대문 밖에도 나가보지 않았으니 양갓집 규수와 다름없었고, 얼굴 또한 매우 예뻤다. 그래서 선비는 늘 그 여종하고 사랑을 나눠 보고 싶어 했으나, 잠시도 부인 곁을 떠나지 않아 뜻을 이루지 못하여 병이 날 지경에 이르렀다. 그러다 마침내 한 가지 계책을 생각해 냈으니...

어느 날 이웃 친구인 박의원을 찾아가서 자기의 사정을 얘기하고 계책을 설명했다.

"내가 마치 병든 것처럼 누워 뒹굴 테니, 자네가 이러저러하게 잘 주선해 주면 좋겠네."

이에 의원은 쿵짝이 맞아서 쾌히 승낙하여, 생원은 기뻐하면서 집으로 돌아왔다.

며칠 후, 생원은 갑자기 몸이 아프다며 밤새 배를 잡고 뒹구는 것이었다. 이에 놀란 집안사람들이 자고 있는 아들의 방으로 달려가, 어르신이 갑자기 복통을

일으켜 위중하다고 알렸다. 그러자 아들은 놀라 걱정하면서 달려와 병세를 살피니, 선비는 연신 앓는 소리를 내면서 말했다.

"애야, 내가 왜 이런지 모르겠구나. 온몸이 아리고 한기가 들어 견딜 수가 없구나." 하니

아들은 곧바로 박의원에게 달려가 상황을 설명하고 진맥을 요청했다. 이에 의원이 진맥을 하고 밖으로 나오자 초조한 마음으로 기다리던 아들은 뒤를 따라 나와서 물었다.

"내가 수일 전 만났을 때는 아무 일도 없는 것 같았는데, 어쩌다 이리 위중해졌는지 모르겠구먼. 노인의 맥박이 이래서야 나로서는 어찌할 방도가 없으니 다른 명의를 찾아가 의논해 보는 게 좋겠네." 하자

아들은 크게 놀라 의원의 손을 붙잡고 매달렸다.

"어르신보다 나은 의원이 어디 있겠습니까. 또한 어르신은 만큼 부친을 잘 아시는 분이 어디 있겠습니까? 부디 방도를 알려주십시오."

이에 의원은 한참 동안 생각에 잠기더니 이윽고 입을 열었다.

"어떤 약도 효험은 없을 것 같으나, 딱 한 가지 방도가 있기는 하네. 하지만 그것을 처방하기가 쉽지 않을 걸세. 또, 잘못 쓰면 도리어 해가 되니 이게 걱정이구먼."

"어르신, 그 약이 비록 구하기 어렵다 해도 말씀만 해주시면 백

방으로 찾아보겠습니다."

아들이 사정하니 의원은 또다시 한동안 머뭇거리다가, 마침내 다음 같이 일러 주는 것이었다.

"자네 부친의 병은 한기(寒氣)가 가슴에 꽉 맺혀 생긴 거라네. 그러니 방을 덥게 하여 병풍을 치고, 십육칠 세 되는 숫처녀를 들여보내 가슴팍을 서로 맞대고 누워서 땀을 푹 내면 나을 걸세. 그 밖에 다른 방도는 없다네. 다만, 숫처녀라 하더라도 천한 것들은 믿을 수가 없으니 오로지 양가집 처녀라야 하겠는데, 어찌 그런 사람을 구할 수가 있겠는가? 그것이 매우 어려운 일일세."

이 때 방밖에서 그의 모친이 듣고 있다가 급히 아들을 불러서, 의원이 말하는 약은 구하기 어렵지 않다며 이렇게 설명하는 것이었다.

"내가 데리고 있는 여종은 어릴 때부터 내 이불 속에서 자랐고 지금까지 문밖을 나가보지 않았으니 양가 규수와 다름없고 나이 또한 금년 16세라, 만약 숫처녀를 구한다면 이 아이를 약으로 쓰기에 적당할 것 같구나."

이에 아들은 크게 기뻐하며 방으로 들어가서 의원에게 말하고 부친에게도 알리니, 생원은 짐짓 놀라는 척하면서도,

"박의원의 말이 그러하다면 한번 시험해 볼 만 하겠구나."

라면서 슬그머니 승낙하는 척하는 것이었다.

그날 밤 아들은 병풍을 치고 방을 따뜻하게 한 다음, 여종의 옷을 벗겨 부친의 이불 속으로 들여보내고는 문을 닫고 나왔다. 그런데 모친은 과연 병이 나을지 걱정되어 방밖에서 살피고 있었다.

이 때 생원이 여종과 한바탕 정사를 치르며 몰아쉬는 숨소리와 즐기는 소리가 들려오는 것이 아닌가. 그러자 모친은 혀를 차면서 안방으로 들어가며 퉁명스럽게 말했다.

"흥, 저것이 가슴을 맞대고 땀을 흘리는 약이란 말인가? 저런 치료라면 나하고 해도 충분히 되겠구면."

그러자 뒤따르던 아들이 모친을 향해 눈을 흘기면서 말했다.

"어머니는 어찌하여 그런 말씀을 하십니까? 어머니가 어디 숫처녀입니까?"

뒷날 사람들이 이 이야기를 전해 듣고는 배를 잡고 웃었다고 한다.

세 며느리의 축수를 받다.

옛날 한 노인이 회갑을 맞이하여 자식들이 잔을 올리면서 헌수를 하는 것이었다. 먼저 맏며느리가 잔을 올리니 노인은 말했다.

"내 이렇게 오래 살고 복이 많으니, 너희들은 지금 내게 잔을 올리면서 좋은 덕담(德談) 한마디씩 하는 것이 옳으니라."

그러자 며느리가 잔을 들고 꿇어앉아 공손히 아뢰었다.

"아버님은 지금부터 천황씨(天皇氏)가 되시옵소서."

노인이 무슨 뜻이냐고 물으니, 며느리의 설명은 이러했다.

"아버님! 옛날 책에 의하면 천황씨는 1만 8천세를 살았다 하오니 아버님께서도 그와 같이 오래 사시라는 뜻이옵니다."

그 말에 노인은 매우 기뻐했다. 이어서 둘째 며느리가 역시 꿇어앉아 공손히 잔을 올리며 아뢰었다.

"아버님은 지황씨(地皇氏)가 되시옵소서."

시아버지가 또한 그 뜻을 물었고, 둘째 며느리도 지황씨 역시 1만 8천세를 살았다고 하니 아버님도 그렇게 오래 사시라는 뜻이라고 설명을 드렸다.

이에 노인은 온 얼굴에 미소를 띠며 기뻐하는데, 마지막 셋째 며느리가 꿇어앉아 잔을 올리면서 이렇게 아뢰었다.

"아버님, 원하옵건대 남자의 양근(陽根)이 되소서."

노인이 놀라는 표정을 지으면서 그 까닭을 물으니, 셋째 며느리의 설명은 이러했다.

"아버님, 남자의 양근은 죽었다가도 다시 살아나지 않사옵니까? 그러하오니 아버님께서도 이 양근처럼 늘 다시 살아나신다면, 장생불사(長生不死)하여 영원히 오래 사실 수 있으므로 말씀드린 것이옵나이다."

"죽었다가도 살아난다니 네 말 또한 매우 좋구나."

이에 노인이 무릎을 치며 기뻐하자 일제히 한바탕 웃더라.

엄마 걱정

이른 새벽 남편이 보채기에 못 이기는 척 한바탕 일을 치르고는

부엌에 나가 아침밥을 준비하려 했다.

엄마, 날씨가 무척 추워졌어.

부뚜막에 밥그릇을 갖다 놓은 뒤

한쪽 다리를 부뚜막에 걸친 다음

솥 위로 몸을 숙이고는 밥을 푸기 시작했다(옛날에는 팬티라는 게 없어 밑이 터진 꼬쟁이를 입었었다).

이때 어린 딸이 벌려진 엄마의 두 다리 사이를 보게 됐는데 거기서 허연 콧물 같은 액체가 흘러내리고 있는 것이었다.

엄마! 감기 걸렸어? 다리 사이에서 콧물이 막 나오네!

이 이야기를 전해들은 사람들은 한바탕 크게 웃더라.

가난한 집 며느리의 지혜

새색시가 시집이라고 와보니 살림살이가 말이 아니다.

신랑은 서당에 다니며 공부에 매달렸고 시아버지란 사람은 골난 양반에 까짓것 초시라고 사랑방에서 양반다리를 꼬고 앉아 오가는 선비들 다 끌어 모아 밥 주고 술 주며 살림만 축내고 있었다. 조상한테서 문전옥답 토실하게 물려받았지만 매년 한자리씩 팔아치워 앞으로 4~5년이면 알거지가 될 판이다.

어느 날, 며느리가 들에 갔다 집에 오니 사랑방에 시아버지 글 친구들이 잔뜩 모여 있었다.

"애야, 술상 좀 차려 오너라."

며느리는 부엌에 들어가 낫으로 삼단 같은 머리를 싹둑 잘라 머슴에게 건네며 그걸 팔아 술과 고기를 사오라 일렀다. 그걸 받아 든 머슴은 사색이 되어 사랑방으로 가 시아버지에게 보였다. 사랑방에 싸늘한 침묵이 흘렀다. 글 친구들은 슬슬 떠나고 시아버지는 혼자 남아 애꿎은 담배만 피워댔다.

벌벌 떨고 있는 머슴에게서 머리카락을 싼 보자기를 빼앗아 든 며느리는 저잣거리로 나갔다. 돌아오는 며느리의 손에는 삐약 삐약 우는 병아리 서른 마리가 들려있었다. 며느리는 손수 닭 집도 짓고 도랑을 파서 지렁이를 잡아 먹이며 정성껏 키웠다.

봄이 됐을 땐 그간 족제비와 병으로 죽은 몇 마리를 제외하고 살아남은 병아리들은 토실하게 자라 중닭이 됐다. 가을이 되면 수탉도 팔고 암탉이 낳는 달걀도 팔 꿈에 부풀어 있던 어느 날 장보러 왔던 친정아버지가 찾아왔다.

며느리 눈치를 보던 시아버지는 신이 났다.

"애야, 사돈 오셨다. 닭 한 마리 잡아서 술상 좀 차려라."

며느리가 닭을 잡으려고 좁쌀 한줌을 쥐고 마당에 뿌리며 "구구~" 하자 닭들은 놀라서 화다닥 울타리 밖으로 줄행랑을 쳐버렸다.
며느리가 닭을 잡으려고 이리 뛰고 저리 뛰는 걸 보다 못한 시아버지가 나왔다.

쌀독에서 쌀을 한줌 쥐고 나와 뿌리며 "구구~" 외치

자 닭들은 장독대로, 지붕으로 날아올라 도망쳐 버리는 게 아닌가. "구구~"를 계속 외치며 닭들을 뒤쫓느라 구덩이에 빠지고 돌부리에 걸려 넘어지고 가시에 찔려 시아버지의 몰골이 말이 아니었다. 저녁나절 닭장에 들어오면 잡겠다고 닭장 안에 쌀을 뿌리며 "구구~" 외치자 닭들은 모두 마당 옆 감나무로 올라가 가지에 앉아 밤을 샐 작정인거라.

결국 사돈은 빈 입으로 떠나갔다. 시아버지는 화가 치밀어 이 놈의 닭들 다 잡아버리겠다고 장창을 써봤지만 며느리가 머리 잘라 산 걸 그가 어쩌겠는가. 이튿날 시아버지가 마실가고 없을 때 며느리가 겉보리를 마당에 뿌리며 "휘이, 휘이~" 외치자 닭들이 몰려들어 그녀 발밑에서 모이를 쪼아 먹는 것이었다.

현명한 며느리는 닭들이 모이를 다 먹자 훈련시키는 걸 잊지 않았다. 부지깽이로 닭들을 후려치며 "구구~" 하고 외쳤다. '구구' 소리를 듣자마자 닭들은 줄행랑을 쳤다.
후에 이일을 안 사람들이 박장대소를 하였다고 한다.

개도 풀무질하네!

한 사람이 별로 하는 일 없이 집에 있으면서, 생각날 때마다 밤 낮 가리지 않고 아내와 옷을 벗어 재미를 보곤 했다.

하루는 대낮에 아내와 더불어 화합하여 바야흐로 운우(雲雨)가 한창 질펀하고 몽롱할 때, 밖에서 놀던 대여섯 살짜리 아이가 갑 자기 문을 확 열고 들어왔다.

이에 놀란 남편이 당황해하며 어떻게 할 수가 없어 그대로 엎드 려 손을 저으면서 이렇게 타일렀다.

"애야, 어서 문 닫고 좀 더 놀다 오너라."

이 때 아이가 그 모습이 못 보던 것이라 물었다.

"아부지 엄마는 지금 뭘 하는 거예요? 그게 뭔지 자세히 가르쳐 주지 않으면 나가 놀지 않을래요."

그러자 아빠가 대충 '풀무질' 하는 거라고 설명해 주자 아이는 문을 닫고 나갔다.

그 때 마침 한 손님이 찾아와 물었다.

"너의 아버님 지금 집에 계시냐?"

이에 아이가 지금 방에 있다고 대답하자 손님은 다 시 안에서 뭘 하느냐고 물었고, 아이는 조금 전 들은 대로 대답했다.

"아버지는 지금 방안에서 풀무질하고 있어요."

손님은 미처 그것이 무슨 일인지 깨닫지 못하고 다시 아이에게 물었는데, 때마침 뜰에서 암수 두 마리 개가 방사를 하면서 수캐가 암캐의 엉덩이 위에 올라타 있는 것이 보였다. 그러자 아이는 급히 그것을 가리키며 소리쳤다.

"손님, 손님, 저 개도 역시 풀무질을 하고 있네요."

그때서야 손님은 비로소 풀무질이 무엇인지 깨닫고 손뼉을 치며 웃었다. 방에서 나온 아이 아버지도 친구로부터 이 이야기를 듣고는 함께 한바탕 웃었다.

기세등등 구월이

어느 고을에 정력이 좋은 대감이 살았는데 요즘 들어 이상하게 대감이 안방 행차를 않는 것이다. 밤이면 밤마다 한 번씩은 안방을 찾고 친구들과 술이라도 걸친 날은 이틀 만에도 찾아와 옷고름을 풀어주던 대감이 마님을 찾아온 지가 까마득 한 것이다.

좀이 쑤신 마님이 늦은 밤 부엌에서 뒷물을 하고 분을 바르고 간단한 술상을 차려 안마당을 건너 대감 사랑방으로 갔다. 부스스 일어난 대감은 고뿔 기운이 있다며 술잔도 받지 않고 땡감 씹은 표정으로 술상의 젓가락조차 잡지 않았다.

"푹 주무십시오."

마님은 대감에게 한마디 던지고 무안하게 술상을 들고 안방으로 돌아와 혼자서 한숨을 안주삼아 술 주전자를 다 비워버렸다. 대감이 정말 고뿔 기운으로 나를 찾지 않는 건가? 어디 첩이라도 얻은 건가? 별 생각을 다하다 동창이 밝았다.

그런데 며칠 뒤 우연한 기회에 수수께끼가 풀렸는데 마님이 속이 안 좋아 뒷간에 가려고 일어났더니 밤

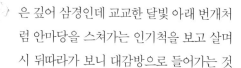

은 깊어 삼경인데 교교한 달빛 아래 번개처
럼 안마당을 스쳐가는 인기척을 보고 살며
시 뒤따라가 보니 대감방으로 들어가는 것
이 아닌가. 대감방 밖에서 귀를 쫑긋 세우고 들어보니 구월이년
의 비음이 새나오는 것이 아닌가. 안 그래도 요즘 부엌데기 구월
이년이 엉덩이에 육덕이 오르고 눈웃음에 색기가 올라 하인들이
군침을 흘리는 걸 안방마님은 못마땅한 눈으로 지켜봤다.

화가 머리끝까지 낳지만 마님 체면에 구월이를 족칠 수도 없고
그렇다고 대감을 족칠 수도 없고 마님은 부글부글 속만 끓이고
있었다. 밤이 되자 마님은 잠도 안자고 구월이를 지켰다. 그런
날은 구월이도 꼼짝하지 않았다.

어느 날 대감이 싸리재 넘어 잔칫집에 갔다가 밤중에 돌아오더
니 마당에 마중 나온 마님에게 말했다.

"부인, 구월이 내 방으로 보내시오, 다리 좀 주무르게."

속이 뒤집어졌지만 보내지 않을 수 없었다. 구월이년이 이제는
마님을 대하는 태도도 달라졌다. 고개를 꼿꼿이 쳐들고 성큼성
큼 대감 방으로 들어가 문을 '꽝' 하고 닫는 것이다. 얼마나 지났
을까 마님이 발뒤꿈치를 들고 대감 방문 앞에서 귀를 세우는데

'꽝' 문이 열리며 구월이년 한다는 말이.

"들어와서 보세요."

얼굴이 벌겋게 달아올라 안방으로 돌아온 마님은 냉수를 벌컥벌컥 들이켰다.

"너, 국에다 소금가마니를 삶았냐! 간이 이게 뭐냐. 쯧쯧, 없는 집에서 자라 모든 반찬이 소태야 소태."

마님은 구월이에게 사사건건 시비를 걸었다.

"너는 도대체 제대로 하는 게 없어."

한쪽 귀로 흘려듣던 구월이년도 참다못해 반격을 가해왔다.

"제가 마님보다 못하는 게 뭐가 있지요? 대감어른이 그러시는데 바느질도 제가 낫고 음식솜씨도 제가 낫다고 합디다."

"이년이 못하는 말이 없구나. 당장 이 집에서 나가거라."

"나가라면 못 나갈 줄 알고요."

구월이년이 보따리를 싸들고 나서면서 고개를 홱 돌리며 말하기를.

"대감마님 말씀이 이부자리 속 요분질도 제가 훨씬 낫다고 합디다."

그리고는 한참 뜸을 들이다 구월이년이 음흉한 미소를 지으며 말했다.

"마당쇠도 제가 훨씬 낫다고 합디다. 뭐."

이 말을 들은 마님은 사색이 되어 버선발로 달려 나

 가 구월이년를 잡고 안방으로 밀며 비단결 같은 목소리로 말했다.

"구월아, 그린다고 진짜로 나가면 어쩌느냐. 며칠 푹 쉬어라, 부엌살림은 내가 할게."

너도 포천가냐?

선비가 아침 일찍 포천에 갈 일이 있어 여종을 부르더니

애야! 내 오늘 아침 일찍 포천 갈 일이 있으니

너는 서둘러 아침밥을 지어놓도록 해라 알겠느냐?

포천?

잠이 덜 깬 여종이 막 돌아서려는데 방안에서 앓는 듯 한 소리가 들리는 것이었다.

......

여종이 귀를 기울여 귀를 기우리니 선비부부가 잠자리를 하는 거였다.

응…응…

홍~

여종은 싱긋이 웃고는 쌀을 씻으려고 하는데

......

마침 옆에서 수탉이 암탉의 등 뒤에 올라타 교미하는 것이 아닌가!

파다다다..

그러자 여종이 발로 차면서 소리를 질렀다.

너그들도 포천 가냐?!

이 소리를 들은 선비 부부는 도중에 큰 소리로 웃더라~

ㅋㅋ

떡 먹은 건 못 속여

한 고을에 떡을 좋아하는 노인이 있었는데, 떡집 앞을 지날 때면 늘 안으로 들어가서 떡을 사먹고 나오는 것이었다.(당시에는 양반이 직접 상행위를 하는 것을 부끄럽게 여겼음)

하루는 남색 창의(관리들의 평상복)를 입고 붉은 띠를 가슴에 두른 채, 역시 떡집에 들어가서 떡을 사먹고는 다른 사람들이 볼까봐 몰래 나왔다. 이 때 마침 그 앞을 지나가던 새 사돈과 딱 마주쳐 몹시 부끄러워하고 있는데, 사돈이 조심스럽게 묻는 것이었다.

"사돈이 어찌 떡집에서 나오십니까?"

이에 노인은 부끄러워하며 사실대로 대답했다.

"예, 아침 일찍 집을 나와 배가 고프던 차에 마침 떡집이 있어 들어가 먹고 나오는 길이랍니다."

그리고 집으로 돌아온 노인은 부인에게 이 사실을 얘기하자, 부인은 다음과 같이 일러 주는 것이었다.

"영감처럼 연세도 있고 지위도 높은 양반이 떡집을 드나들다 새 사돈을 만나서 사실대로 얘기했으니 매우 부끄러운 일입니다. 차라리 술을 마시고 나온다고 하시지 그랬습니까? 가게를 드나드는 일이 보기 좋은 일은 아니나, 그래도 떡보다는 술을 마셨다는 게 나은 편이지요."

부인의 말에 노인은 앞으로 그렇게 말하겠다면서, 오늘 아침에는 갑자기 사돈을 만나는 바람에 당황하여 그만 사실대로 말한 것이라며 웃었다.

며칠 후, 노인은 다시 떡집에서 떡을 사먹고 나오다가 또 그 사돈과 부딪쳤다. 이 때 역시 사돈이 어떻게 떡집에서 나오느냐고 물어, 노인은 이번에는 정신을 바짝 차리고 의젓하게 대답했다.

"예, 사돈. 술을 마시고 나오는 길입니다."

그러자 사돈이 다시 묻는 것이었다.

"술을 많이 하셨습니까. 몇 잔이나 드셨습니까?"

그러자 노인은 생각지도 못한 물음에 다른 생각할 겨를도 없이 불쑥 대답했다.

그런데 몇 잔을 마셨느냐는 물음에, 노인은 당황하여 그만 이렇게 말하고 말았다.

"오늘은 한 개밖에 사먹지 않았답니다."

결국 '한 개' 라는 말로 또 다시 떡을 사먹은 게 들통 나 부끄러움을 당해야 했다.

이와 같이 노인은 새 사돈에게 부끄러움을 당하고 다시는 떡집을 드나들지 않았다.

뒤에 노인이 이 이야기를 친구들에게 들려주니 모두들 배를 쥐고 웃었다.

소가 무슨 잘못이 있남?

이선달은 황소를 몰고 장으로 갔다. 소 장터는 거간꾼들이 흥정을 붙이고 살 사람과 팔 사람은 값을 깎으랴, 올리랴 부산하게 떠들어댔다. 이선달은 황소를 팔아서 암소를 살참이었다. 여기 기웃, 저기 기웃 소 값을 알아보다 "사돈" 소리에 뒤돌아보니 사돈도 소고삐를 잡고 있는 것이 아닌가.

"어쩐 일입니까, 사돈?"

이선달이 묻자 사돈이 말했다.

"이 암소를 팔러왔지 뭡니까, 이걸 팔아 황소를 사려고요."

"나는 이 황소를 팔아 암소를 사려던 참인데."

두 사돈의 필요조건이 이를 맞추듯 서로 똑 떨어지게 맞았다.

"우리 서로 바꿉시다."

"암, 그래야지요."

둘은 소고삐를 바꿔 쥐며 거래를 끝냈다.

"사돈, 내가 오늘 사돈을 만나지 않았다면 이 황소를 파느라 애를 먹을 것은 둘째 치고 거간꾼에게 구전을 얼마나 뜯겼겠습니까. 구전을 벌었으니 제가 구전만큼 한잔 사겠습니다."

둘은 주막집 마당 구석에 소 두 마리를 매어두고 술을 마시기 시작했다.

"우리 딸년이 사돈을 잘 모시는지 자나 깨나 걱정입니다."

 "우리 집에 복덩이가 들어왔습니다. 걔가
우리 집에 오고 난 후 해마다 논 한마지기
를 삽니다."

 화기애애하게 이선달과 사돈은 대낮부터 부어라, 마셔라 주막
에 쉴 새 없이 술을 나르는데 얼마나 마셨나, 이선달이 계산을 하
고 나오자 사돈이 말했다.

 "구전은 나도 벌었지요."

 둘은 다른 주막에 가서 또 술판을 벌였다.

 이선달이 말했다.

 "내 황소를 팔고 사돈 암소를 판 구전은 우리가 찾아먹었지만
내가 암소를 사고 사돈이 황소를 산 구전은 아직 남았잖소."

 "맞아, 맞아."

 그들은 말도 서로 놓으며 또 다른 주막에 가서 밤 깊은 이경까
지 코가 비뚤어지도록 마셨다. 주막을 나와 고주망태가 된 이선
달과 사돈은 바꾼 암소에 올라타고, 사돈은 이선달의 황소를 타
고 각자의 집으로 갔다.

 암소 등에서 떨어지다시피 내린 이선달를 마누라가 부축을 하
며 "모두 영감 기다리다 이제 잠들었소. 조용히 하세요."

 이선달은 안방으로 들어가자 옷을 훌훌 벗어던지고
마누라를 껴안았다.

 날이 새자 한 이불 속에서 벌거벗은 이선달과 안사
돈이 비명을 터뜨렸다. 거의 비슷한 시간에 감골 이

선달의 집 안방에서도 비명이 터졌다.

소 잘못이 아니다. 소는 주인이 바뀐 줄도 몰랐고, 새 주인의 집도 몰랐다. 고주망태를 태우고 그저 자기 살던 집으로 갔던 것이다.

후에 이일을 전해들은 사람들이 촌수가 어떻게 되냐며 박장대소를 하였다.

오해를 불러일으키게 하는 편지

한 선비 아내가 맹인무당을 청하여 집안의 평온을 비는 안택굿을 하려고 준비하였다.(옛날에는 집안의 평안을 비는 뜻에서 굿을 했는데, 이 일은 장님들이 담당했음).

그리하여 봉사가 안택경(安宅經)을 낭송하려고 하는데 병풍이 미처 준비되지 않아, 아내는 남편에게 친구 집에서 병풍 좀 빌려 달라고 부탁하였다. 남편은 굿을 하는 것이 못마땅했지만, 어쩔 수 없이 다음과 같은 글을 써서 친구 집으로 사람을 보냈다.

'우리 집사람이 봉사에게 푹 빠져서 오늘밤 그를 불러들여 이상야릇한 일을 하려고 하니, 잠시 병풍을 빌려 주어 일이 성사되게 해주었으면 좋겠네그려.'

이 글을 읽은 친구가 병풍을 빌려 주면서(편지의 내용이 봉사와 선비 아내가 병풍을 치고 정사를 벌이는 것으로 추측하여서) 일부러 놀려 주려고 다음과 같이 답장을 써 보냈다.

"병풍은 빌려 주겠는데, 자네가 말한 그 '이상야릇한 일'이란 게 어떤 것인지 모르겠으니 좀 알려 주게나."

이에 선비는 정말로 친구가 무슨 뜻인지 몰라서 묻는 줄 알고 다시 이렇게 써 보냈다.

'이 사람아, 그것은 음양(陰陽: 음양오행의 점치는 일 등을 뜻하나, 다른 한편으로는 남녀 관계를 나타내

기도 함)에 관계된 그런 이상야릇한 일이
라네.'

　　이 글의 내용 역시 봉사와 선비 아내가
사랑을 나누는 뜻으로 이해될 수 있어, 친구들이 보고 웃음을 터
뜨렸다.

효자상과 불효벌

어느 고을에 사또가 부임하고 나서 첫 번째 할 일이라고 이방이 일러주는 걸 보니 효부 효자 표창이다.

전임 사또가 다 뽑아놓은 일이니 호명하는 대로 앞으로 나오거든 몇 마디씩 칭찬의 말을 하고 준비한 상을 주면 되는 것이라고 이방이 일러주었다. 이방이 효자의 효행을 부연 설명한다.

"이번에 효자상을 받을 수동골 이윤복은 아침저녁으로 절구통에 나락을 손수 찧어 키질을 해 언제나 햅쌀밥같이 차진 밥을 그 아버지 밥상에 올린답니다."

사또가 고개를 끄덕이며 "효자로다"라고 말했다.

사또가 동헌 대청 호피교의에 높이 앉아 내려다보니 효부 효자상 표창식을 보려고 몰려든 고을 백성들이 인산인해다.

"효자상, 수동골 이윤복."

이방이 목을 뽑아 길게 소리치자 수더분한 젊은이가 올라왔다.

사또가 칭찬을 하고 상으로 나락 한 섬을 내렸다. 그리고는 음식을 차려놓고 효자인 이윤복에게 사또가 한잔 마시고 잔을 건네며 말했다.

"아버지 연세는 어떻게 되는고?"

"예순다섯이옵니다."

"어머니는?"

"오래전에 돌아가셨습니다."

"그때 아버지 연세는?"

"마흔둘이었습니다."

"그때부터 아버지는 이날 이때까지 홀아비로 계셨느냐?"

"그러하옵니다."

"여봐라."

갑자기 사또가 일어서더니 벼락같은 고함을 질렀다.

"내린 상을 거둬들이고 나이 사십에 홀로 된 아버지를 이날 이 때껏 홀아비로 늙힌 이 불효막심한 놈을 형틀에 묶어 볼기를 매우 쳐라."

상을 타면 한턱내라 하려고 벌써 주막에서 한잔 걸친 친구들이 동헌에 다다르니 섣달그믐께 떡치는 소리가 들려오기에 구경꾼들 사이를 비집고 보니 상이 뭔가, 친구가 볼기짝을 맞고 있는 게 아닌가. 이윤복이 풀려나기를 기다려 번갈아 업고 돌아왔다.

무슨 상을 받아올까 기다리며 사랑방에서 새끼를 꼬던 윤복의 아버지가 마당에서 웅성거리는 소리에 방문을 열어봤더니 아들이 초죽음이 되어 친구들에게 업혀서 돌아온 게 아닌가. 놀라 버선발로 뛰어나갔던 윤복의 아버지는 아들 친구로부터 자초지종을 듣고 사랑방으로 돌아가 눈물이 글썽글썽한 눈으로 털썩 주저앉으며 혼잣말을 내뱉었다.

"이 고을에 명관이 났네."

시간 아는법

장례 치르는 날 땅을 파고 한밤중 자시(12)을 기다리고 있는 중이었다.

언제가 자시지?

낸들 아나? 바보… 상주가 알 수 있을까?

이 때 바보 상주가 나서더니 냅다 옮기려던 관 위에 소피를 보면서 하는 말

자시다 쏴…

이에 사람들이 몹시 상주를 꾸짖자

이럴 수가… 천하의 못된…

장례 날을 받는 택일서에 따르면 병자생은 소피라 하였으니 내가 병자생이라 소변을 본 건데 뭐가 그리 잘못됐소?

예끼, 이 사람아! 그 소피라는 뜻은 소변을 보란 게 아니고 잠시 피하라는 뜻이네.

그… 그런 감유!

그나저나 자시는 또 어떻게 알았을꼬?

그것 참 궁금하외다

그러자 상주의 대답이 걸작이었다.

매일 밤 자시가 되면

1년 내내 예외 없이 내 양 근이 꼿꼿하게 발동하여 잠을 잘 수가 없었어요. 보셔유!

진짜 불끈 솟았구만!

이 말에 사람들은 산 속이 떠나가도록 밤새 웃었다 하더라.

우하하 크크 아하하

거짓 벙어리 짓도 잘해야지

옛날에 한 포졸이 있었는데 그의 임무는 당연히 도둑이나 법을 위반한 사람을 잡는 것이지만, 그는 특별히 밤거리 순검(巡檢)을 철저히 하여 야금(夜禁)에 걸린 사람은 반드시 잡아 직접 곤장을 때리며 엄하게 다스렸다.

하루는 야간 통행이 금지된 시간에 나다닌 사람을 붙잡아 문초하면서 왜 법을 어겼느냐고 호통을 치니, 이 사람은 어물어물거리면서 말을 못하는 것이었다. 그러자 옆에서 보고 있던 상관이 말하기를,

"보아하니 그 사람은 벙어리 같은데 어찌 문책을 하겠느냐? 이번 한번만 불문에 붙이고 속히 풀어 줘라!"

이에 그 사람을 풀어 주고, 야금에 걸린 또 한 사람을 심문하면서 무슨 이유로 밤에 나다니다 잡혀 왔느냐고 묻자, 이 사람 역시 벙어리 행세를 하면서 어물거리는 것이었다.

그러자 옆에서 보던 상관이 수상히 여겨 그대로 세워 두고, 다른 이야기를 한참 하다가 갑자기 그 사람을 향해 큰소리로 물었다.

"너는 정말 말 못하는 벙어리냐?"

이 말에 깜짝 놀란 그는 엉겁결에 크게 소리쳤다.

"네, 그렇습니다."

그리하여 결국 거짓이 탄로 나 곤장을 더 많이 맞았다.

수리골

한 고을에 젊은이가 병을 앓고 있었는데, 그 형은 이름난 관상쟁이와 의사이건만 한번 와서 들여다보고 땅이 꺼져라 한숨만 푹푹 쉬다 갔을 뿐, 이렇다 할 말이 없었다.

부인은 안달이 났다.
"아주버님! 아비 병이 심상치 않습니다. 약 좀 주십쇼."
대답을 않자 며칠 뒤 찾아가서는
"다른 곳에 가 사서 쓰겠으니 약방문이라도 내주십시오."
그래도 대답을 않자 다음날은,
"정당한 값을 드릴 테니 약을 파십시오."

그날 저녁때 남편의 상태가 위중해지자 찾아가서는 화를 내며 말했다.
"그놈의 의술인지 설레발인지 배워 가지고, 동생이 죽어 가는데 약도 안 일러주고, 팔라고 해도 안 팔고…. 이댁 가문 인심은 이런 거요?"

형은 어이없어하며 사방을 둘러보더니,
"모르겠소. 장끼나 구해다 먹여보시우."

"그까짓 거 한마디 일러주기가 그렇게 힘
들단 말이오?"

한마디 쏘아붙이고 휭 하니 집으로 돌아와 보니 남편은 오늘 밤
넘기기가 어려울 것 같고 밖엔 벌써 어둠이 내렸는데 어디 가서
장끼를 잡아온단 말인가.

그때, 장날마다 사냥감을 메고 나오는 떠꺼머리총각 사냥꾼이
떠올랐다. 서둘러 초롱불을 들고 산 넘고 물 건너 수리골로 바쁜
걸음을 했다. 얼마를 갔을까 산골짜기에 혼자 사는 총각 사냥꾼
의 너와집에서 불빛이 새나오는 것을 보고 긴장이 풀려 잔설을
밟고 미끄러지며 발을 삐어 주저앉고 말았다.

"사람 살려주시오."

부인은 사냥꾼 집을 향해 소리쳤다. 그 소리를 들은 노총각 사
냥꾼이 내려와 부인을 들쳐 업었다.

부인의 육덕이 푸짐해서 엉덩이를 두 손으로 받쳐 든 총각 사냥
꾼은 그만 양물이 불뚝 솟구쳤다. 총각의 목덜미를 깍지 끼고 바
위 같은 등에 업힌 부인은 남자 냄새를 맡은 지 얼마이던가. 방문
을 열고 들어올 땐 둘 다 불덩어리가 돼 누가 먼저랄 것도 없이
치마를 올리고 바지를 내리고 엉켜서 뒹굴었다.

땀이 범벅이 돼 헝클어진 머리를 매만지고 옷매무새를 고친 부

인은 자초지종을 얘기할 겨를도 없이
"장끼 한마리만 주시오"
라고 말했다. 총각이 잡아놓은 장끼 세 마리를 모두 주자 부인은 발을 절며 골짜기를 내려갔다.

부랴부랴 장끼를 고아 사발에 퍼서 방으로 들어가자 맛도 보기 전에 벌써 남편은 생기를 찾기 시작했다. 부인이 떠먹여주자 나중엔 제 손으로 퍼먹었다.

이튿날, 언제 아팠냐는 듯 남편은 거뜬하게 일어났다. 그런데 오후에 이상한 소문이 돌았다. 수리골 총각 사냥꾼이 밤사이 상처 하나 없이 죽었다는 것이다.

사실은 이렇다 형이 보니 동생이 죽을 운수보다도 제수가 과부살이 꼈던 것이라, 호적에 오른 사람만이 남편인가 남편 노릇 한 놈도 남편이지 아무나 죽으면 과부인 것이지, 그래서 계교를 쓴 것이었다. 총각은 애매하게 대수대명(代數代命)에 간 것이다. 그러기에 사람들이 말하기를 오랜 병으로 앓는 사람의 계집은 넘보는 것이 아니라고들 한다.

잡아먹으라는 돼지

옛날 옛적 호랑이 담배피던 시절에 그 때는 짐승들도 사람 말을 알아듣고, 말도 할 줄 알았다고 한다.

당시 한 사람이 소 · 개 · 닭 · 돼지 등을 정성껏 길렀는데, 하루는 고기가 먹고 싶어 소를 보고 이렇게 말했다.

"내 너희들을 기르느라 고생만 하고 오랫동안 고기를 못 먹어 기력이 다했으니 너를 잡아먹어야겠다."

그러자 소는 고개를 들면서 다음과 같이 말했다.

"주인어른! 저는 주인어른을 태워 진흙탕과 빙판길을 마다하지 않고 다녔으며, 물을 건너고 산을 넘으면서 무거운 짐을 나르고 쟁기질도 하여 힘들게 노력 봉사를 했으니, 공적만 있고 죄가 없는 터입니다. 그런데 어찌 저를 잡아먹으려 하십니까?"

이에 주인은 그 말이 옳다 생각하고 개를 잡아먹겠다고 말하니, 개도 다음과 같이 변명하는 것이었다.

"저는 주인을 위해 늘 울타리 밑에 살면서 주야로 집안을 순찰하고, 도적이 들면 짖어서 알리며 주인이 외출하면 열심히 집을 지키다가 돌아오면 반갑게 맞아 주니, 저의 공적을 말할 것 같으면 종들보다 더 많다고 할 수 있습니다. 그런데 어찌 저를 잡아먹으려고 하십니까?"

이 말에 주인은 역시 옳다고 하고는, 닭을 잡아먹겠다고 했다.

　그러니까 닭도 이렇게 항변하는 것이었다.

　　"저도 공적이 많습니다. 주인을 위해 낮에는 시간을 알려 주어 농사짓는 데 도움을 주며 밤이면 잠도 잘 못 자고 새벽을 알리니, 오덕의 아름다움은 지녔어도 죄악을 지은 일이 없는데 어찌 저를 잡아먹으려 하십니까? 부당한 말씀입니다."

　그래서 주인은 마지막으로 돼지를 향해 잡아먹겠다고 말하자 돼지는 눈만 끔뻑거리면서,

　"사실 저는 아무 것도 내세울 만한 공적이 없습니다. 주인어른이 주는 먹이만 먹고 은혜만 입었으니 어찌 살아남기를 바라겠습니까? 속히 저를 잡아 주인어른의 몸을 보하소서."

　하면서 눈을 감고 머리를 떨어뜨리는 것이었다.

쌀도둑

　김초시는 과거만 보면 떨어져 한양 구경이나 하고 내려오지만 도대체 기가 죽는 법이 없었다.

　집에 들어서자마자 마누라더러
　"닭 한 마리 잡아서 백숙해 올리지 않고 뭘 하냐"
　며 큰 소리를 치는 것이었다.

　머슴도 없이 김초시 마누라는 꼭두새벽부터 일어나 모심고 피 뽑고 나락 베고 혼자서 농사를 다 짓는데 논에서 일을 하다가도 점심때가 되면 부리나케 집으로 돌아와 김초시 점심상을 차려주고 다시 논으로 종종걸음을 친다.

　김초시는 식사 때를 조금이라도 넘기면 "여편네가 지아비를 굶겨죽이기로 작정했지"라며 고래고래 고함을 지르고 말끝마다 "무식한 여편네"라고 무시하는 것이 다반사라.

　어느 봄날, 온종일 밭에 나가 일하고 들어와 안방에서 바느질을 하는데 사랑방에서 글을 읽던 김초시가 들어와 호롱불을 후~ 꺼버리고 마누라를 쓰러트렸다. 그때 부엌에 쌀 도둑이 들어왔다.

—82—

쌀 도둑은 쥐 죽은 듯이 웅크리고 앉아 안방에서 폭풍우가 몰아쳐 비가 쏟아지기를 기다리고 있었다.

김초시가 마누라 치마를 벗기고 속치마를 올리고 고쟁이를 내렸다. 운우의 숨소리가 한참 가빠질 때 도둑은 쌀독을 열고 자루에 쌀을 퍼 담기 시작했다. 가쁜 숨을 몰아쉬는 김초시 귀에 대고 마누라가 속삭였다.

"쌀 도둑이 들어왔소."

그 소리를 들은 김초시의 방망이는 갑자기 번데기처럼 줄어들어 이불을 덮어쓴 채 방구석에 처박혀 와들와들 떠는 것이 아닌가. 김초시 마누라는 치마끈을 매면서도 계속 가쁜 숨을 몰아쉬며 "여보 여보, 좀더 좀더"라고 교성을 질러 쌀 도둑을 안심시켰다. 얼마나 지났을까.

갑자기 김초시 마누라가 부엌문을 차면서 "도둑이야"라고 고함을 지르자 쌀 도둑은 혼비백산 걸음아 나 살려라하고 도망쳤다. 그런 줄도 모르고 김초시는 이불을 덮어쓰고 구석에 쪼그리고 앉아 벌벌 떨고 있었다. 김초시 마누라가 부엌에 나가 쌀독을 덮고 방에 들어오

자 그제야 정신을 차린 김초시는 딴엔 남자
라고 어흠, 어흠하면서 정좌를 하고서는
"쫓으려면 진작 쫓을 것이지 웬 뜸을 그리
들여 사람을 놀래키노."

김초시 마누라는 눈도 깜빡이지 않고 "도둑이 쌀을 두세 바가
지 퍼 담을 때 '도둑이야' 소리치면 쌀자루가 가벼워 도둑이 퍼
담은 자루를 들고 도망칠 것이고, 여덟아홉 바가지를 퍼 담았을
때 소리치면 쌀이 자루에 그득해 땅에 쏟아질 것 아니요. 다섯 바
가지는 들고 도망가기엔 무겁고 쏟아지기엔 자루에 쌀이 가득
차지 않아 그때를 기다렸지요."

그 말을 들은 김초시는 아내의 현명함에 벌떡 일어나더니 사랑
방으로 달려가 읽던 책을 몽땅 쓸어 담아 아궁이에 태워버렸다.
이튿날부터 그는 들에 나가 밭을 갈고, 마누라를 하늘같이 떠받
들며 "부인"이라 불렀다고 한다.

똑똑한 여종

새 신랑이 첫 애 출산한 것을 유심히 보더니

세상에 이렇게 큰 머리가 어떻게 그 곳에서 나왔을까?

이거…… 필시 그곳이 엄청 넓어졌다는 얘기인데……

글쎄… 그 후 남편이 잠자리를 피한지 1년이 넘구면 그러 내 그곳이 정말 그렇게 넓어져서 그런가?

마님 제게 좋은 생각이…

나리와 함께 있는 날 인절미를 준비해 주시고 소인을 불러주시죠.

인절미?

그날 밤 여종은 남편과 부인을 마주 앉게 됐는데

나으리 이 인절미를 보시지요?

이렇게 손가락이 깊이 들어갈 때는 턱~ 벌어졌다가도

다시 빼면 이와 같이 도로 합쳐져 원상태로 되지 않습니까?

그 오므러지는 인절미 떡이 무엇을 뜻하는고?

예,… 이처럼 여자는 아이를 낳을 때 넓어졌다가도 아이를 낳고 나면 다시 오므라드는 것입니다.

새 신랑의 의구심은 금세 풀렸고 밤마다 즐거움을 나눴다고 합니다.

아이고 죽이겠네

자면서 남의 다리 긁기

어느 마을에 한 사람이 살았는데 매우 미련했다. 하루는 멀리 여행을 하다가 날이 저물어, 주막에 들어가 다른 손님들과 함께 잠을 자게 되었다. 다른 사람들은 깊이 잠들어 코를 고는데 이 사람은 잠이 오질 않아 뒤척이다가 간신히 잠이 들려는 찰나, 갑자기 한쪽 다리가 몹시 가려웠다.

그러자 잠결에 날카로운 손톱으로 박박 긁었으나 어쩐 일인지 조금도 시원한 느낌이 들지 않았다. 이에 더욱 힘을 주어 긁어도 여전히 시원하지가 않아 이상하게 생각하는데, 옆에서 자던 사람이 벌떡 일어나 소리쳤다.

"어떤 놈이 남의 다리를 자꾸 박박 긁어서 아프게 하느냐?"

이 소리에 깜짝 놀라 정신을 차려 보니 그것이 자기다리가 아니라 남의 다리라는 사실을 알았다. 그러자 이 사람은 싱긋 웃으면서 말했다.

"내 다리가 가려워서 힘껏 긁었는데, 도대체 시원하질 않아 이상하다 했더니 그게 당신 다리였소?"

통천댁 아침에 옷고름 풀다.

어느 마을에 시집온 지 1년 만에 과부가 된 통천댁이 살고 있었다.

자식도 없는 청상과부는 한눈 안 팔고 시부모를 모시고 10년을 살다가 한해걸이로 시부모가 이승을 하직하자 삼년상을 치르고 탈상한 지 며칠 되지 않아 매파가 찾아왔다.

"아직 서른도 안 된 통천댁이 자식도 없이 홀로 한평생을 보내기엔 세월이 너무 길잖아." 통천댁은 눈이 동그래져 "그래서요?" 하고 물었다. 한숨을 길게 쉰 매파가 목소리를 낮추고 얘기를 이어갔다. "아랫동네 홀아비 박초시가 통천댁 탈상할 날만 기다리고 있었네."

"나가세요!" 서릿발이 돋은 앙칼진 목소리로 통천댁이 소리치자 매파는 겁에 질려 허둥지둥 뒷걸음쳐 사라졌다.

그 일이 있은 후로 통천댁은 늙은 청지기를 데리고 억척스럽게 논농사, 밭농사를 지으며 꿋꿋하게 수절하였다.

통천댁도 박초시를 알고 있었다. 8년 전인
가 상처한 박초시는 30대 초반으로 비록 과
거에는 급제하지 못했지만 글도 능할뿐더
러 뼈대 있는 집안에 재산도 넉넉하고 사람 됨됨이도 착실해 매
파들이 문지방이 닳도록 찾았지만 모두 고개를 흔들고 통천댁만
마음속에 품고 있었다.

박초시가 보낸 매파가 끈질기게 통천댁을 찾았지만 가는 족족
헛걸음에 이제는 문도 열어주지 않았다. 박초시는 식음을 끊고
드러누워 버렸다.

이러한 소문을 듣고 박초시 친구 유첨지가 술을 한잔 걸치고 찾
아왔다. "예끼, 이 사람아. 그런 일로 드러눕다니!"

이튿날 아침. 통천댁이 아침 안개가 모락모락 피어나는 안마당
으로 물동이를 이고 들어서 부엌으로 가는데 유첨지와 유첨지네
머슴 둘이 뒤따라 들어와 소리쳤다.

"통천댁, 오늘 쟁기 좀 빌려주시오."

통천댁이 부엌에서 나오는데 안방 문이 덜컹 열리며 윗도리를
드러낸 박초시가 "안되네, 우리도 오늘 써야 하네." 그걸 보고 머

습 둘도 놀랐지만 펄쩍 뛰며 놀란 것은 통천댁이었다.

따지고 변명할 겨를도 없이 유첨지와 두 머슴은 가버렸다. 늙은 청지기는 물꼬를 트러 들에 나가고 통천댁이 우물에 갔을 때 박초시가 통천댁의 안방에 잠입했던 것이다. 마루 끝에 털썩 주저앉아 땅이 꺼져라 한숨을 쉰 통천댁이 곰곰이 생각해보니 동네 사람들에게 무슨 변명을 해도 씨도 안 먹힐 것 같았다.

통천댁은 머리를 매만지고 안방으로 들어갔다.

"서방님, 절 받으시오."

박초시는 떨리는 목소리로 "통천댁, 고맙소"라고 말한 후 통천댁의 옷고름을 풀었다.

비장에게 대신 시키겠지.

옛날 영남의 한 관찰사가 여러 고을을 순시하고 있었다. 한 시골 마을을 지날 때, 일산(日傘)을 든 군인이 옆을 따르는 가운데 높다란 가마 위에 덩그렇게 앉아 긴 담뱃대를 비스듬히 물고 사방을 두리번거리며 행차하니, 마을 사람들이 몰려나와 그 위엄 있는 모습을 구경하느라 길을 메우고 있었다.

이에 사람들이 모두들 쳐다보고 손을 흔들면서,

"관찰사 나리의 저 의젓한 형상이 마치 신선의 모습 같지요?"

하고 칭송하며 흠모하는 것이었다. 이 때 한 사람이 옆 사람을 보고 물었다.

"저렇게 의젓하고 근엄한 관찰사 나리도 밤에는 부인과 함께 자면서 옷을 벗고 살을 맞대 잠자리를 할까요?"

그러자 옆 사람이 눈을 부릅뜨고 손을 내저으면서 다음과 같이 응수했다.

"관찰사 나리처럼 만금(萬金) 같은 귀한 몸으로 어찌 옷을 벗으며 그 힘든 일까지 몸소 하시겠소? 반드시 힘 좋은 병방비장(兵房裨將)에게 대신 시켜 놓고 구경만 하실 거요."

두 사람의 얘기를 듣고 있던 사람들이 너무나 웃어서 허리가 잘록해졌더라.

엽전 주머니

어느 고을에 한양에서 별감이 내려왔다. 별감이라야 대수로운 벼슬도 아니지만 그래도 동네가 생긴이래 가장 출세한 사람이다. 어린 시절 함께 뒹굴고 서당에서 공부하던 고향친구들이 주막에 모였다. 별감은 목이 뻣뻣해졌고 고향친구들이란 작자들은 서로 잘 보이려고 아부 질이다.

"별감 나리, 신수가 훤하시네." 눈을 내리깐 별감이 고개를 끄덕이며 "자네 이름이 맹천, 아니 영철이던가."

고향 떠난 지 3년도 안됐는데 친구 이름을 까먹었을까? "용철이네." "아, 그래 용철이. 자네 훈장님한테 매도 많이 맞았지." 옆에 있던 기생 매월이가 까르르 웃었다.

꽃 피고 새 우는 화창한 봄날, 집안이 넉넉한 친구 셋이 별감 친구를 모시고 화전놀이를 가는데 한 친구는 10년 동안 땅 속에 묻어뒀던 인삼주를 꺼내왔고 한 친구는 씨암탉을 잡고 산적에다 화전을 부칠 준비를 해오고 나머지 한 친구는 기생 매월이를 돈을 주고 데려왔다.

앞장 선 매월이가 어깨춤을 추며 산길을 오르는데 진달래꽃은 불타고 개울엔 콸콸 옥수가 흐르고 산새는 울고 하늘은 맑고 봄바람은 불어오니 이어찌아니 좋을 소냐. 목적지 마당바위 앞에서 딱 걸음을 멈췄다.

"껄껄껄, 여기는 어인 일인가?"

해진 갓을 삐딱하니 쓰고 장죽을 꼬나문 주정뱅이 해천이 어떻게 냄새를 맡았는지 먼저 와서 마당바위에 좌정하고 앉아 시치미를 떼고 오히려 별감 일행을 내려다보며 묻는다. 어린 시절 함께 서당에서 공부한 불청객 해천은 별감에게 거리낌 없이 "봉팔이, 너 왔다는 소리는 들었다." 하고 말하니 좋았던 분위기는 깨졌지만 술판은 벌어졌다.

친구 하나가 기생 매월이에게 귓속말로 "10년 묵은 인삼주를 해천이 잔에는 조금씩 따라라."

매월이는 다른 사람들 술잔은 넘치게 따랐지만 불청객 해천의 술잔은 반도 차지 않게 술을 부었다.

소피보러 숲 속으로 가는 매월이를 해천이 따라갔다. "매월아,

이거 받아라." 하고 엽전 주머니를 내미는 것이 아닌가. 매월은 눈이 둥그레져 엽전 주머니를 받았다. "매월아, 부탁이 하나 있다. 내가 배탈이 나서 닷새 동안 하루에 죽 한공기로 살았다. 술을 마시면 안 되는데 오랜만에 친구를 만나서…. 내 잔엔 따르는 시늉만 해다오."

'어려울 것 없지. 아니어도 그 귀한 술, 해천에겐 조금씩 따르라 했는데.'

숲 속에 앉아 소피를 보며 매월은 해천에게 받은 돈주머니를 열어봤다.

한지로 돌돌 쌓여 있는 엽전 뭉치가 묵직하다. 한지를 펴던 매월이는 오줌발이 뚝 끊겼다. 동전이 아니고 모두가 사금파리였던 것이다. 이를 악 다물고 돌아온 어린 기생 매월이는 너 죽어보라는 듯이 해천의 술잔에 술을 가득 따랐다. 죽을상을 하고 마신 술잔에 연거푸 인삼주를 따랐다.

호리병이 바닥난 걸 보고 해천은 별감 곁으로 가서 귓속말로 "매월이 저년은 건드리지 말게. 내가 한 달 전에 합방을 했다가 아직도 성병으로 고생하고 있네."

　　　　　지난밤, 매월이를 품었던 별감은 울상이

　　　　됐었다. 트림을 거하게 한 해천이 껄껄 웃으

며 자리를 떴다.

　그 일을 전해들은 사람들이 해천의 꾀에 박장대소를 하였다.

구두쇠의 흥정

아버지와 아들이 냇가를 건너다
아버지가 물에 빠졌다.

아부지~

이때 마침 근처에 사람을 업어 내
를 건너게 해주고 돈을 받는 사람
이 있었다.

사람
살려슘
요즘3냥

아이고,
우리 아부지
를 살려줘요!

우리 아버지가 내
를 건너다 지금…
아주 위급하게 됐
구만유.

지금은 물살이 세어 물속으로
들어가는 건 내 생명도 위태롭
소 꼭 아버님을 구하고 싶으면
3냥을 주시오.

비싸다

뭐라고요? 당신
은 어차피 헤엄
을 잘 치는데
잠시 사람 좀
구해달라는데
그리 비쌉니까?
1냥 주겠소

이때 아들과 사람이 옥신각신
하는 것을 보고는 냅다 소리쳤
다.

아들아

애야! 3냥 이라니… 그건 너무
비싸다 그러니 절대 응하지 말
거라… 알겠느냐?

결국 아버지는 물살에 밀려 떠내
려가 죽고 말았다.

돈만 생각하는 사람의 도
리를 지적하니 우리도 한
번쯤 되새겨봄이 어떨까
요?

탐욕이 지나친 재상

옛날에 한 재상이 있었는데, 재물에 대한 탐욕이 지나쳐 지방으로 나가는 관장들에게 많은 뇌물을 요구하곤 했다. 하루는 이 재상이 집에서 한가롭게 앉아 쉬고 있는데, 마침 물산이 풍요로운 고을 관장으로 나가 있는 무관(武官) 한 사람이 인사차 방문하자 늘 그랬던 것처럼 슬그머니 말을 던졌다.

"내 근래 집을 한 채 짓는데 자금이 조금 부족하다네. 자네가 어떻게 좀 도와줄 수 없겠는가? 지금 첩지(帖紙: 오늘날의 수표처럼 금액을 적어 주고 뒤에 돈을 찾게 하는 쪽지)를 써주면 사람을 시켜서 찾아오도록 하겠네."

이 말에 관장은 자기 형편에 넘치게 2백 냥을 써서 내놓았다.

본디 이 재상은 항상 요강을 깨끗이 씻어 말려 방안에 두었는데, 이것은 소변용이 아니라 달리 사용하기 위해 늘 마른 상태로 비워 두었던 것이다.

이에 그 재상은 이 첩지를 보더니 서운한 표정을 지으면서 똑바로 앉아 말했다.

"내 가까운 사이여서 말을 꺼냈던 것인데, 자네가 나를 이리 박절하게 대접할 줄은 몰랐네. 내 지금 그리 말한 것을 크게 후회하는 터이니 없었던 일로 하게나."

이러면서 그 첩지를 요강 속으로 던져 넣는 것이었다(남이 보

기에는 그 첩지가 소변에 젖어 파기된 것 같지만, 사실은 요강 속이 말라 있으므로 첩지는 그대로 있음).

그러자 관장은 당황하여 앞서 그 첩지가 못 쓰게 된 줄 알고, 새로 4백 냥을 적어 앞으로 내놓았다. 이에 재상은 웃으면서,

"이 정도면 내 약간은 도움이 될 만하구먼."

이라 말하고 그 첩지를 받아 챙기는 것이었다.

그리하여 관장은 인사를 하고 물러 나왔는데, 뒤에 보니 재상은 사람을 보내 앞서 요강에 던져 넣은 2백 냥과 뒤의 4백 냥 첩지를 함께 가지고 와서 6백 냥을 찾아가는 것이었다.

사람들은 이 이야기를 듣고 더럽다며 침을 뱉더라.

뼈가 녹아내리는 방사는?

행상 한 사람이 어느 인가에서 하룻밤을 자게 되었는데, 한밤중에 아랫목의 주인이 그 처와 관계를 하게 되었는데, 윗목의 나그네가 그 신음소리를 엿듣고 주인에게

"지금 하시는 일이 대체 무슨 일이오?"

하고 물으니, 주인이 대답하기를

"지금 소리를 들어 대개 아실 테지만 집사람과 더불어 잠깐 희롱하는 것이오."

이때 나그네가 목소를 가다듬고

"이런, 아직 주인은 모르시겠지만 운우의 품격이 두 가지가 있으니, 그 하나는 깊이 꽂아 오래 희롱하여 여인으로 하여금 뼈를 녹게 하는 것이 상품이요, 또 격동하는 소리가 요란하여 번갯불처럼 휘황할 뿐 잠깐 동안에 사정하는 것이 하품이지요, 상품과 하품을 잘 구별하셔야 합니다." 이 말이 그동안 남편의 밤일이 시원찮아 불만이 많던 주인 여자의 귀에 벽력처럼 울려, 여인은 한 꾀를 내어 눈을 지그시 감고 조는 듯 꿈꾸는 듯하다가, 일부러 꿈에서 깨어난 듯 배 위의 그 지아비를 발길로 걷어차며 "여보 큰일 났소. 지금 내가 꿈을 꾸었는데 우리 조밭에 산돼지가 들어 거의 조밭을 쑥밭으로 만들고 있는 중이오. 밭이 망가지면 금년 양식을 무엇으로 충당한단 말이오. 너무 꿈이 생생하니 어서 가서

한번 확인을 해보세요."하니 남편이 황급히 허리에 화살을 차고, 총총히 산으로 뛰어가니, 여주인이 행상에게 "어찌 그리 여인의 마음을 잘 아시오. 그 어디 뼈 한번만 녹여 주구려. 하고 몸소 행상인에게 추파를 던지니, 행상인이 어찌 그냥 보고만 있겠는가. 과연 여인의 바라던 바와 같이 깊이 넣어 사람으로 하여금 뼈를 녹게 하니, 그 황홀함이 은밀하고 흡족한지라, 여주인이 넋이나가 마침내 가재 도구가지 전부 들추어 사 가지고 행상인과 함께 도망하여 얼마만큼 멀리 도망가다가 행상인이 가만히 생각해보니, 유부녀를 훔쳐 가지고 도망하는 것도 유만부동이지 가구까지 훔쳐 도망하니, 이는 반드시 후환이 없지 않으리라 하여, 여인을 따돌리려는 심보로 여인에게 말하길

"우리 둘이 이제 이렇게 도망하는 마당에 길에서 밥 지을 솥과 냄비가 없으니, 당신이 가서 한 번 더 수고를 해주시오. 내 그 동안 여기서 당신이 오기만을 기다리고 있겠소."

여인이 그 말을 듣고 옳게 생각하고 부리나케 집으로 돌아가 화로며 솥을 이고 도망쳐 나오다가 그만 본서방을 만나고 말았으니, 서방이 그걸 보고 의심하여 연유를 물으니, 여인이 서방에게 대답하기를

"아 글쎄, 그 못된 행상인 놈이 내가 깊이 잠든 틈에 우리 세간을 전부 가지고 도망하지 않았게소. 그래 내가 점장이에게 점을 쳐보았더니, 점괘에 행상

인이 금속인 이어서 쇠로 만든 물건을 갖고 좇으면, 가히 붙잡을 것이라 하기에 이렇게 뒤를 좇고 있는 중이예요." 대답을 하니 서방이란 작자가 크게 놀라 "그래, 그럼 나하고 함께 좇지 않고 혼자 좇았소?" 하며 이에 솥을 걸머지고 함께 뒤를 좇으니, 여인은 더욱 겁이 나서 행상인이 없는 곳으로 찾아가다가 애태우던 나머지 드디어 대성통곡하였다.

죽을 놈은 어떻게든 죽는 법

어느 고을에 재물은 많은데 인심이 사납기가 호랑이 같은 최참봉이라는 인물이 살았는데 어느 날 해거름에 그 최참봉이 얼큰하게 취해서 뒷짐을 지고 집으로 돌아왔는데, 대문 앞에서 절름발이 거지 하나가 "동냥 좀 줍쇼. 라며 구걸을 하는 것이 아닌가.

"다른 집으로 가봐라." 하고 최참봉이 걸걸한 목소리로 소리치자 피골이 상접한 거지는 울상으로 최참봉을 올려다보며 "나리, 이틀을 굶었습니다요. 목숨 좀 살려주십시오. 라며 애걸했다.

"다른 집으로 가라 하지 않았느냐!"

최참봉의 목소리는 고함으로 변했다. 이소리을 듣고 최참봉의 집사와 청지기·머슴들이 주인의 고함소리에 놀라 우르르 몰려나왔다.

"나리~."

거지의 목소리가 끝나기도 전에 최참봉이 절름발이 거지의 목발을 밟아 부러뜨려 도랑으로 집어던지고

바가지를 박살냈다.

"당장 꺼지지 않으면 네놈의 성한 다리도 분질러 버리겠다."

그때 그곳을 지나가던 노스님이 최참봉을 가로막으며 절름발이 거지를 일으켜 세웠다.

거지를 부축한 노스님이 손을 털고 있는 최참봉을 빤히 쳐다보더니 "쯧쯧쯧, 재운은 넘쳐나는데 명운이 다됐구려.라고 말했다.
대문 안으로 들어가려던 최참봉이 걸음을 멈추고 '휙' 돌아섰다.

"뭐라고?"

"4월 초나흘, 쇠뿔에 받혀서 죽을 운세요."

"여봐라, 저 땡초의 주둥이를 짓이겨라."
"어디서 그런 악담을 퍼붓는 게야"

청지기와 머슴들이 노스님을 엎어놓고 얼굴을 밟기 시작했다.
피투성이가 된 노스님이 대문 앞에서 혼절하자 최참봉과 수하들

은 안으로 들어가고, 대문은 '쾅' 하고 닫혔다.

아직도 분이 덜 풀린 최참봉은 씩씩거리며 술상을 차려오라고 고함을 질렀다. 이런 최참봉은 만석꾼 부자지만 탐욕은 끝이 없어 보릿고개에 장리쌀을 놓아 가을이면 가난한 사람들의 논과 밭을 빼앗고, 소작농 부인을 겁탈하고, 고리채로 남의 집 딸을 차지했다.

그 일이 있은 후 열흘이 지나 3월 그믐이 되자 노스님의 말이 꺼림칙하게 떠올라 집사를 불렀다. 최참봉의 엄명을 받은 집사는 온 동네 소를 가진 집을 돌아다니며 그날부터 소를 외양간에 가둬 소고삐를 단단히 매고 외양간 문을 잠그도록 일렀다. 어느 안전이라고 최참봉의 명을 거역하겠는가. 최참봉 머슴들은 온 동네를 휘젓고 다니며 외양간 문에 대못 질까지 했다.

4월 초나흘 꽃 피고 새 우는 화창한 봄날, 대문을 굳게 잠그고 사랑방 문도 잠근 채 담배를 피우고 있던 최참봉은 땡초의 헛소리에 이 난리를 친 자신이 한심스러워 졌다.

"황소가 천정에서 떨어질 건가."

　　　　　　　　사랑방 문을 열고 문지방에 팔을 걸치고
비스듬히 누워 귀를 후볐다. 그때 한줄기 봄
바람이 불어 문이 닫히며 최참봉의 팔꿈치
를 쳤다. 귀이개가 깊이 박히며 귓속에서 선혈이 쏟아지고 '꽥'
소리 한번 못 질러 본 최참봉은 그 길로 지옥에 떨어지고 말았다.

　그 귀이개는 쇠뿔로 만든 것이었다.

전에 아들도 데려 올까요?

한 신부가 시집을 와… 절차가 끝나고 시부모에게 폐백을 드리는 차례가 되었는데

…

어서 폐백을 치러야 하는데 사람들은 왜 아직 안 오는 거야?

그때 갑자기 신부가 의식을 잃는 것 같더니

아니,

으으…

놀랍게도 남자아이를 출산하였다.

응애 응애

시어머니는 매우 민망하여 급히 신부를 치마로 가려 막았다.

세상에나… 무슨 이런 일이 다 있을꼬…

행여 누가 보겠다.

출산한 아이를 받아 건넛방에 눕히고는

얼른!

다시 나와 제자리에 앉았는데 이때 신부가 시어머니의 처사를 보더니

흐응… 그래도 아들이네.

이렇게 어머님이 좋아하실 줄 알았으면 작년에 낳은 아이도 데려 왔음 좋을 뻔 했어요.

재상과 담비 가죽

　옛날에 한 재상이 아는 지방 관장만 만나면 뇌물을 요구했다. 마침 한 무관이 회령(會寧) 관장으로 부임하게 되어 그에게 인사차 방문하니, 재상은 곧 이런 부탁을 하는 것이었다.

　"자네 회령에 가면, 거기 이름난 손 재주꾼이 있어 화살을 넣는 전통(箭筒)을 잘 만든다네. 그러니 자네가 그 사람을 시켜 좋은 전통 하나 만들어 달래서 보내줄 수 있겠나?"

　이에 관장은 그러겠노라 대답하고 회령으로 내려갔다. 그리고 얼마 후 그는 재상 앞으로 전통과 함께 편지를 써 보내왔다.

　그런데 보내온 전통을 보니, 길이가 한 길이나 되고 둘레가 커다란 누각의 기둥만 했다. 그리고 겉을 단단히 줄로 묶어, 대를 쪼개 테로 두른 나무통처럼 매우 단단했다. 이를 본 재상은 크게 화를 내면서,

　"세상에 이렇게 큰 전통이 어디 있단 말이냐? 대체 여기다 어떻게 화살을 넣고 다니라고 이런 걸 보낸 거야!"

　하고는 풀어 보지도 않고 그대로 다락에 던져두었다.

　그 일로 재상은 회령 관장에게 큰 반감을 갖고, 마침 관북 암행어사를 제수 받아 나가게 되었다. 그러자 곧 재상은 마음속으로 회령에 가면 관장에게 무슨 꼬투리라도 잡아 죄를 씌워 관직을 박탈하겠다고 단단히 벼르고 있었다.

이 때 재상이 관북 암행어사가 되어 내려 온다는 소식을 들은 회령 관장은 급히 상경 하여 인사차 재상을 찾아갔다. 그리고 집안 사람에게 명함을 주고 알현을 요청하니, 재상은 병을 핑계로 만나 주지 않았다. 그렇게 네댓 차례 방문했지만 여전히 만나 주지 않아 이상하게 생각하고, 이번에는 명함 없이 곧바로 들어가서 재상을 알현했다.

그러자 그는 굳은 표정으로 말 한 마디 없이 냉담하게 대하는 것이었다. 이에 관장은 슬그머니 물었다.

"소인이 전날 회령에서 올려 보낸 전통을 보셨는지요?"

이 말에도 재상은 그런 것을 보내 놓고 생색을 내려 한다고 생각하며 냉정한 어조로 중얼거렸다.

"내 그런 건 잘 모르겠는데, 아마 무엇이 왔다는 말은 들은 것 같기도 하네."

이렇게 말하고는 하인에게 묻는 것이었다.

"혹시 접때 회령에서 올라온 전통이 어디에 있느냐? 한번 찾아 보도록 하거라."

그러자 하인은 당시 보내온 것이 있으며, 그 몸체가 너무 커서 사용할 수 없을 것 같아 열어 보지도 않고 그대로 다락에 던져두었노라고 대답하는 것이었다. 이에 관장은 비로소 재상이 냉담하게 대하는 이유를 알고는 공손히 아뢰었다.

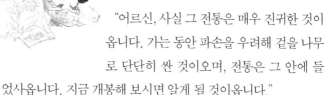

"어르신, 사실 그 전통은 매우 진귀한 것이
옵니다. 가는 동안 파손을 우려해 겉을 나무
로 단단히 싼 것이오며, 전통은 그 안에 들
었사옵니다. 지금 개봉해 보시면 알게 될 것이옵니다."

이에 관장은 곧 그 통을 가지고 오라 해서 열어본 순간 너무나
놀랐다. 그 속에는 전통이 아니라 매우 질 좋은 담비 가죽 2백여
장이 고이접어 들어 있다가, 워낙 단단히 묶였던 것이 터지면서
온 대청마루를 덮었기 때문이었다.

재상이 이를 보고 감탄하면서 급히 거두라 하고는 희색이 만면
하여 관장을 보고 말했다.

"자네 이 사람아, 영변 부사를 원하는가? 강계(江界) 부사를 원
하는가? 내 원하는 대로 자네를 보내 주겠네."

이후로 재상은 이 무관을 동기처럼 아끼고 돌봐 주더라.

꾀로 얻은 벼슬자리

옛날에 한 재상이 나이가 많아, 참찬(參贊: 조선 시대 의정부의 정2품 벼슬)에 오른 뒤에도 오랫동안 그 자리에 있었다. 원래 참찬은 나이 많은 사람이 맡는 한직이었다.

어느 날 이 재상의 친구 한 사람이 찾아와서 이런저런 이야기를 나누다가 한참 만에 이런 농담을 했다.

"자네는 참찬 자리를 너무 오랫동안 혼자 차지하고 있어 다른 사람이 오질 못하니, 비난하는 소리가 들리더군. 웬만하면 물러나야지 그렇게 오래 버티나?"

"아, 그런 소리가 들리다니? 이 자리가 워낙 한직이라 오래 있었던 것일세. 허나 그렇게 비난한다면 내 물러나야지."

이렇게 말하고 그 재상은 이튿날 사직서를 제출해 물러났다. 한데 뒤이어 그 쓴 소리를 하던 친구가 참찬 자리에 오르게 된 것이다.

얼마 후, 앞서 참찬으로 있다가 물러난 재상이 지금 참찬으로 임명된 친구를 만나 이렇게 물었다.

"이 사람아, 내가 너무 오래 참찬 자리에 있어 비난하는 소리가 들린다고 했는데, 도대체 그런 사람이 누구였는가? 알고나 싶어 그런다네."

그러자 새로 참찬 자리에 오른 친구가 이렇게 대답했다.

"내 이 나이가 되도록 온전한 직책 한번 맡아 보질

못해서 괴로웠다네. 그 때 자네를 비난했
다는 사람은 바로 나일세. 내가 이 자리에
오르고 싶어 그랬으니 미안하네."

이러고 두 사람은 마주보고 껄껄 웃었다.

산삼

　어느 마을에 머슴살이 십년에 한푼 두푼 모은 새경으로 박서방은 화전 밭뙈기가 딸린 산을 사 손수 나무를 베어 산비탈에 초가삼간을 짓고, 같은 집에 식모 살던 삼월이와 혼례를 치러 살림을 차렸다.

　나무를 베어내고 나무뿌리를 캐내어 밭을 만들며 살림이 불어나는 재미에 박서방은 달밤에도 밭의 돌을 주워내고 거름을 져올렸다. 달덩이 같은 아들딸 낳고 밭뙈기는 늘어나 보릿고개에도 박서방네 곳간엔 곡식 가마가 쌓였다.

　부창부수라고 삼월이도 부지런하기는 박서방 못지않아 아이 젖을 물리며 호미로 밭을 맸다. 보리 심고, 밀 심고, 콩 심어 남는 곡식은 장에 내다 팔아 논도 두서너 마지기나 사 쌀농사까지 지었다.

　어느 봄날, 박서방이 산비탈 밭에서 땀을 쏟으며 쟁기질을 하고 있는데 마누라가 함지박에 점심밥을 이고 올라왔다. 개울가 너럭바위에 밥 한 양푼과 된장 한 공기 점심 밥상을 펴놓고 박서방이 개울에서

윗도리를 홀렁 벗고 세수할 동안 삼월이는 스무 발자국 산 속에 들어가 쌈 싸먹을 곰치를 뜯었다.

"만석 아빠~." 산천을 울리는 삼월이의 고함소리에 맷돼지가 나타난 줄 알고 박서방은 괭이를 들고 산 속으로 한걸음에 달려갔다. 삼월이는 엉덩방아를 찧은 채 눈을 왕방울만 하게 뜨고 말했다. "저기 좀 보시오."

박서방도 벌린 입을 다물지 못하고 얼어붙었다. 지난 가을에 맺은 빨간 열매를 아직도 조롱조롱 매단 산삼 밭! 허겁지겁 한 뿌리를 캐 마디를 세어보니 백년이 넘었다. 백 년근 산삼 스물두뿌리를 캐 이끼로 덮어 삼월이의 치마에 싸 점심상을 차려 놓은 너럭바위로 내려왔다.

박서방은 그중 두 뿌리를 개울물에 씻어 "우선 우리 몸을 보신하세" 하며 삼월이에게 내밀었다. 박서방과 삼월이는 산삼 한 뿌리씩을 와그작와그작 씹어 먹었다.

박서방은 벌떡 일어나 괭이, 삽, 호미, 지게 그리고 쟁기를 개울 아래 멀리 던지면서 "이제 이 지긋지긋한 농사일은 그만해야지" 하며 감격에 겨워 삼월이를 껴안았다. 산삼을 싸느라 치마를 벗

은 삼월이의 고쟁이 사이로 희멀건한 엉덩이가 비집고 나왔다. 둘은 춘정이 발동해 너럭바위에서 미친 듯이 운우의 정을 나눴다.

저자거리에 나가 한의원에 들른 박서방이 산삼 보따리를 풀었다. 그런데 산삼 한뿌리를 집어든 의원이 미간을 찌푸리며, 이 산삼 저 산삼 엄지, 검지로 누르자 속이 비어 납작해졌다.

그걸 본 박서방은 사색이 돼 "조금 전에도 멀쩡했는데!" 라고 말했다. 의원이 들릴 듯 말 듯 중얼거렸다. "산신령이 노하실 짓거리를 했나벼…."

박서방은 술로 세월을 보내고, 삼월이는 일손을 놓고 한숨으로 나날을 보내는 동안 박서방네 밭은 잡초로 덮였다.

진흙새 우는 소리

어느 마을에 가난한 부부가 잠자리를 함께 할 때에는 언제나 어린애들을 발치에 자게 하였다.

어느 날 밤 부부는 마침내 일을 시작하였는데, 그 흥분과 쾌락이 절정에 달하여, 몸부림을 치다가 이불이 말려들어 바치에 자던 아이가 이불 밖에 나와 떨어졌다.

이튿날 아침에 아이가 그 아비에게 묻기를

"아부지, 밤사이 이불속에서 진흙 밟는 소리가 나던데 이것이 무슨 소리예요."

아비가 말하길

"음, 그것은 진흙새 우를 소리니라"

아이가 다시 묻기를

"이 새가 주로 우는 때는 언제인데요?"

아비가 대답하되

"정한 때가 없이 시시때때로 우느니라"

아들이 얼굴을 찡푸리며

"그 새가 울 때에는 어찌나 추운지 혼났어요."

그 말을 들은 아버지가 당황하여 아들의 머리를 어루만져 주었더라.

가운데 손가락

활을 기가 막히게 잘 쏘는 사내가 있었는데

이 날은 활을 쏘면 쏘는 대로 번번이 빗나가고 미는 것이었다.

아니! 자네 활 솜씨는 이 고을에서 모두가 알아주는데 어찌 오늘따라 하나도 과녁에 맞히지 못하는가?

글쎄… 활을 쏘려고 화살을 얼굴 가까이 대기만 하면…

으… 또… 고약한 냄새가…

그때 사내는 뭔가 알았다는 듯이

아! 그렇구나.

조금 전 사내는 물 마시려고 냇가에 내려갔다가 마침 아는 아낙네가 있어 정을 나눈 적이 있었는데

이 가운데 손가락을 사용한 적이 있었는데 활을 쏘려고 얼굴에 갖다 대기만 하면 심한 냄새가 진동하지 않았던가?

손가락에 스며든 냄새 때문에 활과 화살도 단단히 병이 든 모양일세 그려…

그, 그런 일이 있었구먼.

어쩐지

모두들 부러워하며 소리치며 웃었다.

와 하 하 하

껄껄…

건망증 심한 사또

옛날 한 고을 관장이 건망증이 너무 심해 자기 밑에서 일보는 좌수(座首: 지방관청 관리의 우두머리)의 성씨를 항상 잊어버리니, 매일 물어도 다음날이 되면 또 잊어버리기 일쑤였다.

이렇게 여러 날이 지나도록 좌수의 성씨를 기억하지 못하다가, 어느 날 역시 성을 물으니 좌수는 전날처럼 엎드려,

"소인의 성은 홍가(洪哥)이옵니다."

하고 대답을 했다.

그러자 관장은 매일 잊어버리는 것이 민망하여 깊이 생각한 끝에, 이 날은 한 가지 계책을 마련했다. 곧 종이에 '홍합(紅蛤)'을 하나 그려서 벽에 붙여 놓고, 그것을 보면서 좌수의 성씨가 '홍씨'임을 기억하려고 마음먹었던 것이다.

그로부터 몇 칠이 지나 그 좌수가 들어와 엎드려 인사를 하는데, 관장은 아무리 기억해 보려고 해도 성씨가 생각나지 않았다. 그러던 중 관장은 벽에 붙은 홍합이 생각나서 그것을 쳐다보고 기억을 더듬는데, 여전히 좌수의 성씨는 기억할 수가 없었다.

이에 관장은 한참 동안 생각을 하다 보니, 마치 그 그림이 여자의 음부처럼 보이는 것이었다. 그래서 무릎을 치면서 좌수를 향해,

"그대 성씨가 보가(寶哥)였지?"

하고 물었다(민간에서 여자 음문을 '보지'라고 하니, '보' 자를 따와서 그렇게 해석한 것임). 이에 좌수는 말하기를

"소인의 성은 보가(寶哥)가 아니옵고 홍가(洪哥)이옵니다."

이 말에 관장은 멋쩍은 듯이 웃으면서 이렇게 말했다.

"아, 그랬구려. 내가 벽에 홍합을 그려 놓고도 알지 못하고 엉뚱하게 다른 생각을 했소이다."

이에 옆에서 듣고 있던 사람들이 웃음을 터뜨렸다.

죽어 마땅한 놈

어느 고을에서 과거를 보러 한양으로 가던 젊은 선비가 그날도 온종일 걸어서 삼강나루 주막집에 다다라 봇짐을 풀고 저녁상을 받아먹은 후 방구석에서 목침을 베고 녹초가 돼 곯아떨어졌다.

밤은 깊어 삼경인데 인기척에 선잠을 깨자 품 안의 전대가 없어진 게 아닌가. 방문을 열고 뒷걸음질로 나가는 도둑을 향해 젊은 선비는 베고 자던 목침을 던졌다. 정통으로 마빡에 목침을 맞은 도둑은 그만 죽고 말았다.

놀란 젊은 선비는 안방 문을 두드려 과부인 주막집 주모에게 자초지종을 얘기했다. 그런데 피 한 방울 흘리지 않고 죽은 도둑은 불을 밝히고 보자 최참봉의 아들이 아닌가 이 인사가 동네 봉놋방에서 놀음을 하던 최참봉의 아들은 판돈이 떨어지자 주막집 손님의 전대를 노렸던 것이다.

죽은 최참봉의 아들을 보고 주모는 한숨을 토했다.

"죽어 마땅한 놈이지만 뒷일이 걱정이네."

개망나니 최참봉 아들은 남의 여자 겁탈하고, 노름꾼에, 술주정뱅이 망나니지만 최참봉이 고을 사또와 친해 누구 하나 맞설 수 없었다. 젊은 선비는 사색이 돼 와들와들 떨고, 주모는 구들장이 꺼져라 한숨만 '푹푹' 내쉬었다.

젊은 선비 얼굴을 빤히 쳐다보던 주모에게 묘책이 떠올랐다.

주모와 젊은 선비는 죽은 최참봉 아들을 들쳐 업고 마당으로 나가 말 옆에 시체를 눕혔다. 말을 타고 온 손님은 뒷방에서 자느라 무슨 일이 일어났는지도 몰랐다. 주모는 말꼬리에서 말총을 뜯어 시체 손바닥에 놓고 손가락을 오므렸다.

주모는 떨고 있는 선비의 등을 쓸며 말했다.

"보아하니 과거를 보러 가는 것 같은데 이 살인사건에 휘말리면 과거도 못 볼 것이오. 뒤돌아보지 말고 '휑' 하니 갈 길을 가시오.

먼동이 트기 전 젊은 선비는 주막을 나섰고, 날이 새자 온 동네가 술렁거렸다. 망나니 최참봉 아들이 노름 밑천을 장만하려고 주막집 마당에 매어둔 말의 말총

을 뜯다가 말 뒷발질에 이마를 채여 그 자리에서 죽었다는 것이다.

말총은 말꼬리의 긴 털로 갓, 망건, 감투를 만드는 재료 외에도 쓰임새가 많아 한 움큼이면 쌀 한말 값이 나갔다. 말이 말총을 뽑히면 힘을 못 쓴다 하여 마주는 크게 기피하는 것이다.

어느 화창한 가을날, 김천의 천석꾼 홀아비가 새 장가를 들었다. 재취로 들어온 여자는 삼강나루 주막집 주모고, 중매는 이번에 장원급제한 천석꾼 홀아비의 외아들이었다.

아랫사람이 부끄러워하다

옛날에 한 선비가 청렴결백하기로 이름이 높고 문장과 재덕이 당대 으뜸이었지만, 집이 가난하여 끼니를 잇지 못했다.

그런데 선비를 따르는 한 겸인(?人: 밑에서 일을 돕는 사람, 오늘날 개인 비서 같은 사람임)이 있어, 그의 뜻을 좇아 함께 춥고 배고픔을 견디며 늘 옆에서 돕고 있었다.

그러던 어느 날, 밤이 깊었는데 밖에서 누군가 선비를 찾는 소리가 들렸다. 그리하여 겸인이 나가 보니, 한 관리가 이조판서의 편지를 가지고 와서 전하는 것이었다. 이에 촛불을 밝히고 옆에 서서 비추자 선비는 그 편지를 읽었다. 거기에는 이러한 내용이 적혀 있었다.

'그대의 가난은 온 조정 사람이 모두 아는 바여서 늘 애를 태우고 있는데, 지금 황해도 관찰사 자리가 비었으니 그리로 나갈 뜻이 있는지 알고 싶도다.'

이에 선비는 비록 능력 없는 사람이지만 조정에 죄를 짓지 않고 친구들에게도 그다지 잘못하는 일 없이 살고 있는데, 외직(外職)을 맡아 보라는 이런 제의를 하는 이유를 모르겠으며, 자신은 그럴 뜻이 전혀 없을 뿐만 아니라 매우 부끄럽게 생각한다는 내용으로 답장을 써서 주었다.

그리하여 심부름을 온 관리에게 답서를 주어 보내

고 들어오니 겸인이 묻는 것이었다.

"이조판서 대감이 무슨 일로 이 밤중에 어르신께 편지를 보내왔는지요? 무슨 급한 일이라도 생겼습니까?"

"아, 내 가난한 모습을 보다 못한 이판(吏判) 대감이 황해도 관찰사로 나가 볼 의향이 있는지 물어온 것이었네."

"어르신, 그래서 무엇이라 답장을 써 보내셨습니까?"

"내 비록 가난하게 살지만, 어찌 외직을 맡아 나가겠느냐고 책망하는 내용으로 딱 잘라 답장을 써 보냈지."

이렇게 대화를 나누고 잠을 잤는데, 이튿날 일어나 보니 겸인이 옷을 갈아입고는 뜰아래 서서 하직을 고하는 것이었다. 선비가 놀라 무슨 까닭이냐고 묻자 겸인의 대답은 이러했다.

"소인은 여러 해 동안 대감을 받들어 모시면서, 비록 상하의 신분은 달랐지만 기개와 지조가 서로 부합되어 존경하고 받들었습니다. 그런데 어젯밤 조정에서 대감에게 외직을 맡아 줄 수 없겠느냐는 제의가 오는 것을 보고 소인은 너무나 부끄럽고 실망스러워, 이제는 대감 곁을 떠나 집으로 돌아가서 세상을 등지고 두문불출할 생각이옵니다."

이 말을 들은 선비는 더욱 당황하여, 이조판서가 그런 편지를 보내왔지만 자신은 거절 했으니 무슨 잘못이 있느냐고 하면서 설득했다. 이에 겸인은 다시 말하기를.

"대감의 청렴결백과 지조가 정말로 세상 사람들이 추앙할 만하

다면, 이판대감께서 감히 그런 발상을 했을 리가 있겠습니까? 대감의 삶과 처신이 아직도 부족한 점이 많아서 이런 일이 있었다고 생각되어 소인은 개탄스러울 따름입니다."

이에 재상은 다음과 같은 말로 간신히 그를 설득시켰다.

"그대 말이 지당하도다. 하지만 이 일은 내가 아닌 다른 사람이 한 일이고 내 뜻과는 전혀 다르오니, 이후로는 내 더욱 몸가짐을 잘하겠네."

이 이야기를 전해들은 사람들은 매우 기특한 일로 생각하더라.

학질 치료에 좋다네.

　　　　　　옛날에 한 대감이 있었는데, 말을 참 잘도 둘러댔다. 하루는 새벽에 미처 자리에서 일어나기도 전에 한 친구가 초헌(?軒: 가마)을 타고 와서는, 새로 마련한 이 초헌이 어떠냐면서 자랑을 하는 것이었다.

　이에 대감이 살펴보고는 매우 좋다고 말하니, 친구는 한번 타보지 않겠느냐고 권했다.

　그래서 대감은 호기심에 잠옷 차림으로 머리에 수건을 쓴 채 초헌에 올라탔는데, 친구는 미리 초헌을 메는 하인들에게 대감이 올라타면 쏜살같이 달리라고 일러 놓은 상태였다. 그리하여 초헌에 앉자마자 종들은 곧 큰길로 달려 나가, 사람들이 많은 곳으로 이리저리 메고 다녔다.

　그러자 사람들이 쳐다보고 손가락질을 하면서,

　"저 대감이 미쳤나? 어찌 저런 차림으로 초헌을 타고 대로를 유유히 왕래하는고?"

　라고 말하며 웃는 것이었다. 이에 초헌을 타고 있던 재상은 함께 웃으면서 이렇게 둘러댔다.

　"모두들 웃지 마시오, 이렇게 해야 학질(?疾)이 금방 떨어진다고들 합디다."

　이 말에 사람들이 사실로 믿고 웃지 않더라.

현명한 사또

어느 시골에 사또로 부임해 온 사람이 있었는데 무인출신이라 학문이 그다지 깊지 못했다.

이때 선비들은 새로 온 사또를 놀려주기 위해 유학경전에 있는 글귀를 끌어와 종이에 가득 적은 다음…

사또어른 이 글의 깊은 뜻을 소인들이 알지 못하니 이 속에 담긴 글의 뜻을 해석해주십시오?

사또를 놀려주기 위해 적은 글이니 더 더욱 내용을 알 리 없었다.

....?

글귀를 한참 훑어보더니 사또는 이내 웃음을 짓더니

활과 칼은… 내가 무인이니 곧고 굽고 약하고 강한 것을 알 수 있으나

"시경" 이나 "서경" 같은 고전경서에 대해서는 문견이 짧아 본관이 잘 알지 못하니

그런 문제는 잘 간수해 뒀다가 이후 문장에 능한 관장을 만나거든 물어봄이 좋을 듯 하도다.

이것을 본 선비들은 이 무인의 임기응변에 깊이 감복했다.

넘 솔직해!

존경심이 꽉꽉 갑니다.

이후 선비들은 감히 무인이라 하여 더 이상 놀리지 못 하였다하더라.

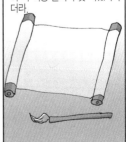

옹서가 함께 속다

옛날 어느 시골에 한 젊은이가 살았는데, 이웃에 장난을 좋아하는 사람이 있어 종종 사람을 난처한 지경에 빠뜨리는 일이 많았다. 이 젊은이가 마침 좋은 가문의 정숙하고 예쁜 처녀에게 장가를 들어 한창 행복한 신혼 재미를 누리고 있을 때, 장난을 좋아하는 이 사람이 젊은이를 놀려 주려고 다음과 같은 말을 했다.

"자네가 장가든 뒤 동네에서 자네를 고자라고 소문내는 사람이 있으니, 자네 처가 원통하지 않겠는가? 뒷날 자네 장인이 '한번 보여 주게' 하고 말하면, 자네는 꼿꼿한 양근을 꺼내 한번 과시하여 의심을 풀어 드려야 할 걸세."

이에 젊은이는 별로 어려운 일이 아니라고 말하고 약속을 했다. 그러자 이번에는 그 사람이 젊은이의 장인에게 가서 다음과 같이 속여 말했다.

"어르신! 어르신의 새 사위가 퉁소를 지니고 다니면서 매우 잘 부는데, 그런 사실을 알고 계십니까?"

"아니, 그게 정말인가? 나는 금시초문이라네."

"그러면 어르신! 새 사위가 오면 '이 사람 한번 보여 주게나' 하고 독촉하시면, 아마도 그 사람이 감추고 있던 퉁소를 꺼내 불어 드릴 것입니다. 그렇게 한번 시험해 보십시오."

이 말에 장인은 자기 사위가 퉁소를 잘 분다고 하니 너무 기뻐,

여러 사람들에게 자랑하고 싶었다. 그래서 이웃 친구들을 불러 사위가 퉁소를 잘 분다고 자랑하자, 모두들 한번 듣기를 원하는 것이었다.

어느 날 장인은 점심 식사를 마련하고 친구들과 사위를 불러서 이렇게 말했다.

"자네 이 사람아! 그것 한번 보여 주게나."

장인이 이렇게 독촉하니 사위는 이웃 사람에게 들은 말이 있어,

"장인어른! 그건 별로 어려울 것이 없습니다."

하면서 바지 끈을 풀고는 크게 일어선 양근을 꺼내 흔들어 보이자, 사람들이 모두 대경실색을 하고 고개를 돌리는 것이었다. 그러자 장인은 너무도 뜻밖의 일에 무안하여 얼굴을 붉히면서,

"이 사람아! 자네 정말 무색(無色)하구먼, 무색해!"

라고 나무랐다. 이에 사위는 장인의 말을 받아 말했다.

"무색(無色: 글자대로 '색이 없다'로 해석)하다니요? 왜 이게 색이 없습니까? 보십시오, 붉은 색에 검정 띠까지 둘렀으니 이것은 아롱진 용주(龍舟)의 색깔입니다. 어찌 색이 없다고 하십니까?"

이렇게 말하자 모인 사람들이 박장대소를 하였다.

학동과 머슴

훅훅 달아오르는 지열 속에 땀방울을 비 오듯 쏟으며 콩밭을 매는 돌쇠는 연방 한숨을 토했다. "단 열흘만이라도 저 학동들처럼 신선놀음을 해봤으면 지금 죽어도 원이 없겠네, 아고 아고 내 팔자야."

유월 땡볕에 밭을 매다 점심을 먹고 다시 들로 일하러 가는 길에 서당 앞을 지나게 됐다. 선들바람이 부는 서당마루에서 학동들이 글을 읽고 있었다. 훈장님의 선창에 합창하듯 학동들이 따라 읊는 소리는 숲 속의 산새들 울음소리보다 낭랑하다.

저녁을 먹고 제방에 벌러덩 누워 연초를 피워 물고 있는 돌쇠에게 도련님이 찾아왔다. "돌쇠야, 나도 담배 한번 피워보자."

돌쇠는 눈을 크게 뜨고 "대감 나리 알면 큰일 나요."

두어 모금 빨다가 캘록캘록 거린 도련님은 이번엔 돌쇠 따라 봉놋방에 가겠다고 떼를 썼다. 봉놋방 뒷전에 앉아 머슴들이 킬킬거리며 골패하는 걸 보다가 탁배기도 한잔 얻어 마시고 돌쇠와 함께 집으로 돌아왔다. 도련님은 돌쇠방에 앉아 방구들이 꺼져

라 한숨을 쉬며 "돌쇠야, 네 팔자가 부럽다." 기가 막힌 돌쇠가 한참 만에 "도련님, 지금 나를 놀리는 거예요!?"

이튿날 아침, 대감이 돌쇠와 도련님을 불렀다. "서로 옷을 바꿔 입어라."

둘이 영문도 모른 채 멀뚱하게 서 있자 대감은 "오늘부터 돌쇠는 서당에 가고, 너는 들에 가 콩밭을 매렸다."

지난 밤 돌쇠방에서 돌쇠와 도련님이 서로 신세타령하는 걸 문밖에서 대감이 몰래 들었던 것이다. 둘 다 신이 나서 서당으로, 들로 내달았다.

산들바람이 부는 시원한 마루에서 하늘 천 따지 천자문을 시작한 돌쇠는 마침내 신선놀음을 하게 됐다. 밭을 매다가 개울에 풍덩 뛰어들어 먹을 감고 연초를 말아 담배를 피우며 도련님도 신바람이 났다.

시당마루에서 신선놀음(?)에 빠진 돌쇠가 '악' 머리를 감싸 쥐었다. 자신도 모르게 깜빡 졸다가 훈장님 회초리가 돌쇠 머리를 강타했던 것이다.

"훈장님, 다리가 저려서 못살겠어요, 다리 좀 펴면 안 될까요?" 학동들이 까르르 웃고 훈장님의 회초리는 돌쇠의 허벅지에 시퍼런 줄을 만들었다.

"한나절 동안 콩밭 한 고랑도 다 못 맸으면 밥을 먹지 말아야지." 어느새 콩밭에 온 대감이 산울림이 퍼지도록 목청을 돋웠다. 도련님은 땡볕이 이렇게 따가운지 이전엔 미처 몰랐다. 손바닥엔 물집이 잡히고 허리는 두 동강이 나는 것 같다.

그날 밤, 등잔불 아래서 숙제를 하는 돌쇠와 땡볕에 등허리 화상을 입어 물수건을 얹고 낑낑거리는 도련님이나 둘 다 죽을상이다.

"안되겠어. 내일부터 제자리로 바꿔." 동시에 두 입에서 터져 나온 말이었다.

어리석은 사위 대답의 대답

옛날 중부 지역에 사는 한 젊은이가 경상도 지방으로 장가를 갔다. 첫날밤에 장모가 술상을 차려 신방에 넣어 주고는, 이튿날 아침 자고나온 사위에게 의례적인 인사말로 어젯밤 넣어 준 술상이 보잘 것 없었지만 좀 먹고 잤느냐며 다음과 같이 말했다.

"어젯밤 넣어 준 좀것(보잘 것 없는 것) 좀 하고 잤는가?"

이 말에서 '좀것' 이란 첫날밤에 넣어 준 술상을 두고 하는 말로서 '별로 잘 차려지지 않은 음식' 이란 뜻이며, '좀 하고' 라는 표현도 '술과 음식을 좀 먹고' 라는 뜻으로, 모두 경상도 지역에서는 보통 겸손하게 자기 것을 낮추어 하는 말로 쓰이던 것이었다.

하지만 이 말을 중부 지방에서 간 사위는 다르게 이해할 수밖에 없었다. '좀것' 이란 말을 '보잘 것 없이 생긴 내 딸, 즉 신부' 로 알아들었고, '좀 하고' 를 '밤새 잠자리를 몇 번 했나' 로 알아들은 것이었다. 그래서 사위는 머뭇거리다가 이렇게 대답했다.

"예, 장모님! 세 판을 하고 잤습니다."

즉, 밤새 신부와 세 번 잠자리 한 것을 그대로 말한 것이었는데, 장모는 사위가 매우 어리석어 말귀를 못 알아들은 것으로 여기고 언짢아했다. 그래서 장모는 고개를 돌리고 혼잣말로 중얼거렸다.

"저 사람이 오히려 우리 돌금부보다 못하구먼."

이것은 사위가 집에서 일하는 '돌금부'라는 종보다 더 어리석다고 한 말이었는데, 이 소리를 들은 사위는 다른 뜻으로 알아들은 것이었다.

즉, 밤새 세 번 했다는 말에 대해, 겨우 그것밖에 못했으니 정력이 너무 약해 돌금부보다 못하다고 꾸짖는 것으로 받아들인 것이다. 그래서 사위는 화를 내면서 꿇어앉아 항의하듯 말했다.

"그 돌금부란 녀석이 어떤 영악한 놈인지 모르겠지만, 이 사위는 10여 일 동안 몇 백 리 길을 와서 지친 몸으로 짧은 밤에 내리 세 판을 했으면 장한 것이지 그게 어찌 부족하단 말입니까?"

이에 장모는 크게 놀라 다시는 아무 말도 하지 않았다.

박생원의 학질 퇴치법

전라도 고부군에 박생원이라는 이가 살았는데 용모가 추하고 형편없어서 사람들이 가까이 하기를 꺼려했다.

이 고을에 만원홍이라는 기생집이 있었는데 그중에서도 홍랑이라는 기생이 아름답기로 소문이 자자했다.

박생원은 꼬래 남자라고 못난 주제에 이런 홍랑과 한번 자보기를 소원하였으나, 생긴게 이렇다보니 아무리해도 뜻을 이루지를 못하였더라.

이러던 중에 마침 홍랑이 학질에 걸려 신음하기를 거의 반년이 넘었지만 백약이 무효라는 얘기를 들은 박생은 한가지 계책을 내어 소문을 내기를

"내 비록 한가지 기술도 가진 것이 없으나 학질 떼는 기술만은 백발 백중이니라." 하고 퍼뜨리며 돌아다니니, 온동네 사람들이 처음에는 믿지않다가 시간이 지나자 과연 그런가 보다 하고 거의 다 믿게끔 되었다. 이 말이 학질에 걸려 고생하던 홍랑의 귀에까지 들어가지 않을 리 없었다.

그리하여 한번 와서 보아 주기를 간절히 청하였는데에도, 그는 끝내 시야하는 척하다가 계속 간청하자 그제서야 못 이기는 척하며 응하며 당부하기를

"만일 그대가 내 말을 쫓지 않으면 영영 학질을 떨

어지지 안을 것이요."하고 다시 이르되

"내일 꼭두새벽에 서너 너덧 자가 잘 되는 대막대기를 구하여 그 양쪽 구멍에 굵은 밧줄 한 자씩을 얽어매어 가지고, 아무도 모르게 이 뒷골 성황당 앞에서 나를 기다리시오. 그러면 내 틀림없이 학질을 떼어 주리다."하고 말하니, 홍랑이 크게 기뻐하며 약속하였다. 이튿날 꼭두새벽에 생원이 성황당 앞에가 보니 홍랑이 이미 와서 대기하고 있는지라 생원이 홍랑의 대막대기를 땅 위에 놓게 하고 홍랑으로 하여금 막대기를 목침으로 하여 반듯이 드러눕게 한 다음, 튼튼한 밧줄로 홍랑의 두 팔과 손을 꽁꽁 묶어 놓고 차례로 옷을 벗기었다. 홍랑이 뭔가 이상하다고 생각을 했지만 지독한 학질을 고쳐준다고 하여 참고 견디는 중에 생원은 드디어 씨근덕거리며 마음대로 거사를 시작하였다. 그때서야 홍랑은 속은 줄을 알고 분함을 참지 못하였지만 이미 꽁꽁 묶여있는 처지라 어떻게 할수도 없었고 일을 치르고 난 후에는 창피하여 어디 가서 하소연 할 수도 없었다.

그런데 한 가지 신통한 점은 그 일을 치르고 난후에 반년 동안이나 괴롭히던 학질이 씻은 듯이 나았던 것이다. 후에 이 일을 전해들은 사람들이 모두 포복절도하여 배꼽을 쥐지 않는 이 없었다.

불경책을 어디에?

한 선비가 아는 스님을 만났다.

반갑습니다 스님.

마침 중흥사로 단풍놀이를 갈까 하는데… 읽어볼만한 책 있음 6~7권만 좀 빌려 주시죠?

호~ 불경을 읽으시게요?

예…
오늘 밤 중흥사에서 하룻밤을 묵을까 하니…

예… 제가 볼일을 좀 보고 중흥사로 책을 갖다드리리다.

스님은 책 6~7권을 갖고 중흥사로 갔는데 이미 저녁때가 되었다.

여기 갖고 왔소만… 밤도 깊었으니 이 많은 책을 어찌 다 읽고 주무시려오?

아 아니, 책을 읽으려는 것이 아니라

엥?

이에 스님은 아무 말 없이 시무룩해있었다.

목침은 너무 딱딱하여 책을 베개 삼으려는 것이오.

여승

　김참판은 그럴듯한 허우대에 인물 준수하고 언변 또한 좋아 자유자재로 사람들을 울리고 웃기는 재주를 가졌다.

　열두 살에 초시에 붙고 열여섯에 급제를 한 빼어난 문필에 영특하기는 조선천지 둘째가라면 서러울 정도였다. 성품도 너그러워 그를 미워하는 사람이 없는데다, 선대로부터 재산도 넉넉하게 물려받아 나랏일을 하면서 일전 한닢 부정하는 일이 없으니 모든 사람들이 그를 우러보았다. 부모에게 효도하고 형제간에 우애 있고 처자식에게 자상하였다.

　그런데 그런 그에게도 하나의 흠이 있었으니, 여자를 너무 좋아하다는 것이었다. 노소미추(老小美醜), 신분고하(身分高下)를 막론하고 치마만 둘렀다하면 사족을 못 쓰는 것이다. 수많은 여자들을 섭렵했지만 말썽 일으켜 봉변당한 적은 한 번도 없었다. 남녀관계란 이불 속에서는 한 몸이지만 헤어지면 원수가 되는 법, 그러나 김참판을 거쳐 간 무수한 여자들은 어느 누구하나 그를 욕하는 법이 없었다.

　김참판이 수월관 도화에게 싫증이 날 즈음, 다락골 오과부댁과 눈이 맞아 날만 어두워지면 그 집으로 갔다가 닭이 울 즈음 남의 눈을 피해 집으로 돌아왔다. 그날도 밤새도록 육덕이 푸짐한 오

과부를 끼고 운우의 정을 만끽하다가 감나무가지에 걸린 그믐달을 보며 새벽녘에 집으로 돌아왔는데.

어라, 이게 무슨 변고인고? 안방에서 난데없이 목탁소리가 나는 것이 아닌가. 헛기침을 하고 안방 문을 열었더니 여승이 촛불을 켜놓고 눈물을 흘리며 불경을 외고 목탁을 치는 것이다.

"대감, 소녀는 오늘 아침 입산하기로 했습니다. 좋은 여자 구해서 안방을 차지하도록 하고 부디 만수무강하십시오."

부인이 삭발을 하고 여승이 된 것이다. "부인!" 김참판이 침을 꿀꺽 삼키며 정적을 깼다. "가만히 생각하니 부인 속을 많이도 태웠구려. 친구 부인, 하인 마누라, 술집 작부, 과부, 방물장수… 온갖 여인 다 접해봤지만 아직 여승은 내 품에 품어보지 못했소."

하도 어이없어 입만 벌리고 있는 부인을 김참판이 쓰러뜨렸다. 부인이 발버둥 쳐보았지만 이내 발가락을 오므리고 김참판의 등을 움켜잡았다.

땀범벅이 된 부인이 옷매무새를 고치고 "못 말리는 대감" 하고 눈을 흘기며 싸 놓았던 보따리를 풀더라.

원만함이 좋으니라.

한 노인이 젊어서부터 성격이 부드러워 매사에 원만함을 중심으로 삼았다. 그래서 사람들과 다투려 하지 않아 칭송을 받았으며, 늙어 백수가 되도록 한 번도 시비를 해본 적이 없었다. 이 노인에게 어느 날 갑자기 한 사람이 나타나 이렇게 말했다.

"어르신! 오늘 아침에 남산이 모두 붕괴되어 무너졌습니다요."

"아, 남산은 몇 백 년 묵은 산이라 바람과 비에 시달려 무너질 수도 있으니, 크게 괴이한 일은 아니지요."

이 대화를 옆에서 듣고 있던 다른 한 사람이 물었다.

"영감님! 어찌 그런 일이 있을 수 있단 말입니까? 아무리 오래 묵었다 해도 산이 어찌 무너지겠어요?"

"자네의 말도 옳구먼. 남산은 위가 뾰족하고 아래가 넓으며 바위와 돌로 단단히 뭉쳐 있으니, 바람과 비에 시달렸다 하더라도 쉽게 무너질 염려는 없을 걸세."

이렇게 얘기하고 있는 동안에 또 한 사람이 와서 말했다.

"영감님! 조금 전에 참으로 괴이한 이야기를 들었습니다."

"아니, 무슨 괴이한 이야기를 들었단 말인가?"

"예, 들어 보십시오. 소가 말입니다. 그 큰 몸집인 소가 쥐구멍으로 들어갔답니다. 그것 참 괴이한 일이 아니옵니까?"

"어, 자네가 들은 얘기도 그렇게 괴이한 일은 아닐세. 소의 성

품이 워낙 우직해서, 비록 쥐구멍이라 해도 밀어붙여 들어갔을 수 있으니 괴이하다 할 수가 없지."

그러자 옆에 있던 한 사람이 언성을 높였다.

"어떻게 그럴 수가 있습니까? 비록 소의 성품이 우직하다 해도, 어찌 그 작은 쥐구멍으로 들어간단 말입니까?"

"자네 말도 역시 맞구먼 그려. 소는 머리에 두 뿔이 떡 벌어져 있으니, 그 뿔에 걸려 작은 굴속으로는 못 들어갈 걸세."

이와 같이 잠깐 사이에 노인은 여러 사람의 말을 모두 옳다고 하니, 듣고 있던 사람들이 이구동성으로 말했다.

"노인장은 어찌 이렇게도 줏대 없는 대답을 하십니까? 말도 안 되는 소리를 모두 옳다고 하니 어찌된 영문입니까?"

그러자 노인은 천천히 입을 열었다.

"이것은 내가 늙도록 몸을 잘 보전하고 있는 비결이니 그대들은 비웃지 마시구려. 내 이런 성품은 아마도 성질이 급해 잘 싸우는 사람에게 경계가 될 것이로세."

이 말에 모두들 일리가 있다면서 승복하더라.

이주국의 배짱

　조선시대 영조 한양에 이주국이라는 한량이 있었는데, 무과에 급제했지만 권신에게 미움을 사서 보직을 못 얻어 속만 끓고 있는 신세였다.

　하루는 삼청동 뒷산에서 심심풀이삼아 활을 쏘며 소일하고 있는데, 좋은 장끼 하나가 꺼껑 푸드득하고 놀라서 날아가기에, 겨냥해 쏘았더니 정통으로 맞고 그 아래 대궐 같은 큰 저택 뜰 안으로 떨어졌다.

　곧장 내려와 그 집 솟을대문 앞에서 하인을 불러 꿩을 내놓으라고 호통을 쳤다. 하인은 대감의 세력만 믿고 그런 일이 없다느니, 있어도 내줄 수 없다느니 해 자연 언성이 높아지게 되었다. 이런 소란에 그 댁 청지기가 쫓아 나와서, 대감마님 무슨 일 때문인지는 모르나 들어와서 얘기하라고 하는 것이 아닌가.

　사랑 마당에 들어서서 곧장 층계 위로 올라 군례를 드리니, 영창을 열고 내다보던 노대감은 우선 이주국의 장부다운 기상에 호감이 가서 하인들을 꾸짖었다. "남의 꿩이 들어왔으면 선선히 내어줄 것이지, 왜 일을 벌이느냐?" 하고 야단을 치니 그제야 하

인들이 숨겨 놓았던 꿩을 내어온 것을 보니 화살이 장끼의 목을 꿰뚫고 있었다.

"자네 활솜씨가 대단하이. 그려! 내 마침 심심하게 앉아 있던 중이니 들어와 얘기나 좀 하세. 그리고 출출할 테니 술이라도 한 잔하고…"

"그러시다면 이 꿩을 안줏감으로 드리겠습니다."

이리하여 주인과 마주 앉게 되었는데 이분이 다름 아닌 홍봉한이니, 당시 세자의 장인으로 권세를 한 손에 쥐고 있는 사람이었다. 홍대감이 허우대가 훤칠한 청년 이주국과 마주 앉아 얘기해 보니 학식과 기개가 보통이 아니어서 시간가는 줄 모르고 있는데 부엌에서 장끼볶음을 안주로 술상이 나왔다. 잔을 주거니 받거니 웃음꽃을 피워가며 얘기를 나누다, 홍대감은 지필묵을 갖고 와 동생인 이조판서 홍인한에게 이주국에게 벼슬을 주라는 편지를 써서 하인을 시켜 당장 갖다 주라 이르고 다시 술잔이 오 갔다. 술 한 호리병을 마시고 나자 심부름 갔던 하인이 답장을 들고 왔다. 이번엔 보직을 줄 수 없으니 다음에 보겠다는 내용이었다. 그것을 본 이주국은 다짜고짜 홍대감에게 "꿩 값을 주십쇼. 제 꿩은 산 것이었으니 예사 꿩 값 몇 곱을 주셔야 합니다."

이 말을 들은 홍대감은 부끄러워 이주국에게 돈을 던져 주었다. 그런데 이튿날 기별지에는 그의 보직이 발표되었다. 그 길로 번듯하게 군복을 갖춰 입고 제일 먼저 찾아간 곳은 홍봉한 대감댁이다.

"덕분에 한자리 했습니다. 어제 오죽이나 역정이 나셨겠습니까? 그 길로 그만두라는 쪽지를 보내셨을 것이고, 이조판서께서는 또 홍대감의 노여움이 대단하신 것으로 여겨 즉시 한자리 배정하신 겁죠. 그저 죄송합니다." 이 말을 들은 홍대감은 이주국에 배짱에 놀라며 껄껄 웃었다.

지나친 축약

옛날 호조(戶曹)에 한 서리가 있었는데, 그 문장력이 정말로 한심한 수준이었다. 여러 가지 사건 보고서를 작성해 상관에게 올리는 것을 보면, 장황하게 단어만 늘어놓고 도무지 무슨 뜻인지 모르게 쓰곤 했다.

보다 못한 상관이 하루는 이 서리를 불러 꾸짖었다.

"자네가 쓰는 보고서는 도무지 무슨 말인지 알 수가 없으니, 지금부터는 요점만 들어 간략하게 작성하도록 하라."

이 말을 들은 서리는 명령대로 시행하겠다면서 물러났다. 그리하여 다음날 이 서리가 상관에게 보고서를 올렸는데,

'이판동고송(吏判東高送)'

이라고 달랑 다섯 자만 적혀 있었다. 상관이 아무리 연구해 봐도 그 뜻을 모르겠기에, 주위 사람들에게 물었지만 아는 사람이 없었다. 그래서 할 수 없이 보고서를 작성한 그 서리를 불러 물어보자, 그의 설명은 이러했다.

"이는 '금일 이조판서(吏曹判書) 대감께서 동대문(東大門) 밖에서 고성군수(高城郡守)를 전송(餞送)했음' 이란 뜻으로 쓴 것이옵니다. 지난 번 상관어른께서 보고서를 간략하게 쓰라고 지시하시기에, 분부 받들어 이렇게 작성했사옵니다."

이에 상관은 크게 웃었고, 주위에서 듣고
있던 사람들도 모두 한바탕 웃음을 터뜨렸
다.

정이 너무 깊으면

어느 도의 감찰사가 임기를 마치고 돌아 가려는 참에 많은 기생들이 나와 인사를 나누고 있었다.

잘들… 있으시게.

이때 관찰사의 눈에서 자신도 모르게 하염없는 눈물이 쏟아졌다.

이 관찰사는 재임 동안 한 기생에게 정이 들었던 것이었다.

아……

이때 그 모습을 보던 이방이 짐짓 비웃으며 물었다.

아니 무슨 언짢은 일이라도 있는지요, 사또!

이에 관찰사는 둘러댈 말을 찾지 못하다가 멀리 있는 무덤을 가리키더니

저… 저기 저 무덤!

저 무덤이 나의 조상의 묘인데 막상 이 곳을 떠나자니… 이렇게 눈물이 나오는구려.

나으리, 저 무덤은 저의 친척 무덤입니다 묘를 쓸 때 저도 함께 있었는뎁쇼?

이 말을 들은 관찰사는 눈물을 씻으며 아무 말도 하지 못했고 사람들은 입을 가리고 웃고 있었다.

공연히~ …… 구겼구나!

킥킥킥

키득 키득

거짓 의원 포식하다

　서울에 사는 한 선비가 호남 지역을 지나다가 어떤 마을을 보니 기와집이 즐비하기에, 날이 저물자 한 집으로 들어가자 그 집이 시골의 큰 부잣집이었다.

　주인을 보아 하니 나이 사오십 세쯤 된 듯한데, 풍채가 아름답고 집안 살림 또한 매우 화려했다. 게다가 손님에게도 좋은 술과 맛있는 안주로 잘 대접하는 것이었다.

　이에 선비가 식사를 하면서 살펴보니, 그 집에 등이 굽어 곱사등이가 된 아이가 눈에 띄었다. 선비는 필시 이 집의 아들이려니 하고 묻자, 곧 주인의 외동아들로 등이 굽기 시작한 지 5,6년이 지났으며, 온갖 약을 써도 낫지 않아 큰 걱정이라고 했다.

　그러자 선비는 슬그머니 장난이 치고 싶어 말을 꺼냈다.

　"내 일찍이 의술을 공부하여, 이런 병을 고칠 수 있는 신술을 지니고 있습니다. 의술은 병을 고치는 날짜가 매우 중요한지라, 수일 머문 후에 자세한 처방을 내드리겠습니다."

　이 말을 들은 주인은 크게 기뻐하여 만약 병을 고쳐 준다면 큰 포상을 하겠다고 하면서, 그 날부터 진수성찬으로 대접을 하는 것이었다. 그래서 선비는 연일 포식을 하고는 사흘째 되는 날 이렇게 처방을 내려 주었다.

　"이 아이의 병을 보아 하니 이미 고질병이 되었습니다. 따라서

신령스러운 비방이 아니고서는 고칠 수가 없겠습니다. 그러하니 황토에 잣나무 씨를 싸서 먹이고 하루가 지난 다음, 깨끗한 냉수에 예리한 도끼날을 씻어서 그 물을 한 그릇 마시게 하면 이 병은 곧 나을 것입니다."

그러자 주인은 이렇게 물었다.

"이전에 많은 의원들에게서 처방을 받아 보았습니다만, 이렇게 이상한 처방은 처음입니다. 어떤 연유로 그렇게 내린 신 것인지 알려 주실 수는 없겠는지요?"

"아, 별로 어려운 처방은 아닙니다. 잣나무를 보면 항상 곧게 자라지 않습니까? 그래서 지금 씨를 흙으로 싸서 뱃속에 심게 되면, 곧 그 나무가 자라서 아이의 굽은 등을 바르게 할 것은 당연한 이치가 아니겠습니까?"

이에 주인은 도끼 씻은 물이 어떻게 곱사등을 고치는 데 도움이 되는지 이해할 수 없어 또 물었다.

"그렇다면 도끼 씻은 물은 왜 마셔야 합니까?"

"아, 그것은 말입니다. 잣나무가 자라는 동안 곁가지가 나게 된답니다. 그래서 계속 도끼로 그 가지를 잘라 주어야 잣나무가 곧게 자라기 때문이지요."

"그렇군요, 한번 시험을 해보겠습니다."

주인은 선비의 말에 믿음이 가질 않았지만, 그 처방대로 해보겠다면서 역시 좋은 음식을 마련해 잘 대접

했다. 이튿날 선비는 주인에게 작별을 고하고 떠나갔다.

그 뒤 1년쯤 지나 선비는 다시 어떤 일로 그 마을을 지나게 되자, 호기심에 그 집 앞으로 가서 동정을 살폈다. 그랬더니 주인이 내다보고는 크게 기뻐하면서,

"내 언젠가는 의원께서 이곳을 지나칠 줄 알고 밖을 내다보면서 기다렸답니다. 어서 들어가십시다."

하며 손을 잡아끌어 집으로 데리고 들어가는 것이었다.

선비가 의아해 하며 따라 들어가 아이를 보니, 굽었던 등은 완전히 펴진 채 키가 자라 늠름한 젊은이의 모습이었다.

곧 주인은 깊이 감사를 하면서 값진 음식을 장만해 대접하고는, 떠날 때 많은 돈과 비단을 말에 실어 보내 주었다. 선비는 그 재물로 한평생 풍족하게 잘 살았다고 한다.

목숨을 나누는 친구

점잖은 선비 박진사의 늦게 본 외아들 박술은 머리는 총명하나 못된 친구들과 어울려 노는데 정신이 팔려 공부는 뒷전이었다. 어릴 땐 닭서리, 수박서리로 동네의 골칫거리더니 열댓살이 되자 곳간에서 쌀을 퍼내 팔아서 색주집을 들락거리기 시작했다.

어느 날 박진사는 아들을 불러 앉혀놓고 "너는 어찌하여 의롭지 못한 친구들과 어울려 말썽만 피우고 다니느냐" 박진사의 말이 끝나기도 전에 "아버님, 유비 · 관우 · 장비가 도원결의를 맺은 것처럼 우리도 의형제를 맺어 목숨을 바쳐 서로 돕기로 한 좋은 친구들입니다."하는 것이 아닌가.

그러던 어느 날 밤, 곤하게 자고 있는 박술의 방에 박진사가 살며시 들어왔다. "아버님 이 밤중에 어인 일이십니까?" "쉿! 초저녁에 길 가던 선비가 하룻밤 묵어가기를 청해 우리 사랑방에 들어온 건 너도 봤지?" "네." "그 선비와 맹자를 논하다가 언쟁이 붙어 목침을 던졌더니 그만 목침을 맞고 그 선비가 죽었지 뭐냐" "정말 주, 주, 죽었단 말입니까?"

청천벽력 같은 박진사의 고백에 사랑방으로 가본

박술은 이불을 덮어씌워놓은 선비의 시체를 보고 얼어붙어 버렸다. 부자는 하인들 몰래 거적으로 시체를 말아서 박술이 그걸 짊어지고 뒷문으로 빠져나갔다. "아버님 걱정 마세요. 봉출이네 헛간에 숨겨뒀다가 비 오는 날 친구들과 산에 묻어버릴게요."

봉출이네 집 앞에 가 박술이 살짝이 봉출이를 불러내 자초지종 얘기를 했더니 목숨을 나눌 의형제라던 그는 "야! 너는 물귀신이냐. 살인사건에 왜 나를 끌어넣으려 해." 하고 문을 쾅 닫고 들어가 버렸다. 다시 발길을 돌려 만석이한테 찾아갔지만 그도 마찬가지였다. "썩 꺼져 임마. 나보고 시체 유기를 하라고!" 굳게 닫힌 만석이네 대문 앞에서 박술은 분노의 눈물을 떨구었다.

박진사가 침묵을 깨며 입을 열었다. "할 수 없다. 내 친구 집으로 가보자."

박진사가 앞서고 시체를 짊어진 박술이 뒤따라 솔개골 박진사의 친구인 이초시 집으로 갔다. "이 밤중에 어인 일인가?" 이초시가 놀라서 물었다. 박진사는 나그네 선비를 살인하게 된 경위를 설명했다. 이초시는 제 일처럼 "이 사람아 얼마나 놀랐겠나. 일단 우리 집 거름더미 속에 묻어뒀다가 다음 일을 궁리해보세."

이초시가 삽을 들고 와 거름더미를 파려고 할 때 박진사 왈 "선비님 이제 그만 일어나시지요." 거적에 쌓인 시체(?)가 일어났다.

이초시가 술상을 마련해오며 박진사에게 "야 이 사람아, 사람을 이렇게 속이는 법이 어디 있나." "미안하이." 나그네 선비는 "두분의 우정이 부럽기만 합니다." 세사람은 껄껄 웃으며 날이 새는 줄도 모른 채 술잔을 나누고 뒷전에 앉은 박술은 쏟아지는 눈물을 주체할 수 없었다.

이튿날부터 박술은 친구들을 인연을 끊고 이를 악물고 공부해 3년 후에 과거에 급제를 했다.

복순이의 천기예보

어느 날, 이른 아침. 열두 살 복순이는 동네 골목길을 가다가 타작 준비로 부산한 이웃집에 들어가 "아저씨, 오늘 타작 하지 마세요. 비가 올 거예요." 하고 말하였다. 이에 이웃 아저씨는 눈을 왕방울 만하게 뜨고 "이 가뭄에 무슨 비? 그런데 너는 옥황상제 말씀이라도 들었냐?" 하고 그 말을 무시하였다.

그런데 점심시간이 되어 갑자기 먹구름이 몰려오더니 소나기를 퍼붓기 시작한 것이다. 타작하던 마당은 아수라장이 되었다. 나락 이삭이 둥둥 떠내려가 골목길이 나락더미를 이뤘다. 소나기가 그치고 나자 넋을 잃은 아저씨는 주저앉아 벌컥벌컥 막걸리 잔을 비우며 복순이 말을 한 귀로 흘려버린 후회보다 복순이가 어떻게 천기를 귀신처럼 알아맞혔는지 궁금해서 죽을 지경이었다.

그 일이 있은 후 복순이가 날씨를 기가 막히게 맞춘다는 소문이 온 동네에 퍼졌다.

이런 소문을 들은 윗마을 천석꾼 수전노 오첨지 내외가 마주앉아 기발한 궁리를 짜냈는데 찢어지게 가난한 소금장수 외동딸을 복순이를 며느리로 데려오기로 한 것이다. 그들의 꿍꿍이속은 며느리의 천기신통력을 돈을 받고 팔자는 것이다.

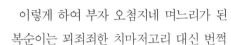

이렇게 하여 부자 오첨지네 며느리가 된 복순이는 꾀죄죄한 치마저고리 대신 번쩍이는 비단옷을 입고 금비녀를 꽂았다. 장을 돌며 창과 춤판을 벌여 약을 파는 패거리 두목이 오첨지네 집을 찾아왔다. "첨지 어른, 며느님께 뭐 좀 여쭤 볼 일이…." 오첨지는 단호하게 말을 막았다.

"공짜는 안 되네. 서른 냥 선불이네." 그런데 그날 저녁 오첨지네 집은 난리가 났다.

비를 흠뻑 뒤집어쓰고 약장수 판이 엉망이 되자 약장수 패거리들이 손해배상을 요구하고 나선 것이다. 날씨예보 값 서른 냥과 손해배상액 백 냥을 물어준 오첨지는 화가 머리끝까지 치밀었지만 '한번쯤 못 맞힐 수도 있겠지.' 생각하며 꾹 참았다. 문제는 그 이후로도 복순이의 날씨예보는 계속 빗나갔다.

말할 것도 없이 복순이는 입은 비단옷까지 빼앗기고 오첨지네 집에서 쫓겨났다.

그런데 홀아비 소금장수 친정집으로 온 복순이는 또다시 그날의 날씨를 정확히 맞히기 시작했다.

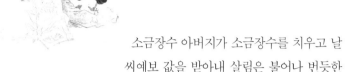

　　　　　소금장수 아버지가 소금장수를 치우고 날씨에보 값을 받아내 살림은 불어나 번듯한 기와집에 복순이는 비단 치마저고리를 입고 손님을 맞았다. 그럼 복순이의 이런 신통방통한 제주는 어디에서 나오는 것일까? 그 답은 복순이가 입고 있는 치마 속 고쟁이에 있었다. 복순이는 열두 살 때 아버지가 손수 소금자루로 지어준 걸입었는데, 어린 처녀의 예민한 촉감이 소금에 절은 고쟁이에서 감지되었던 것이다. 비가 오려고 하면 소금자루 고쟁이는 눅눅해졌던 것이다.

쌀자루가 공짜

만화로 보는 **고금소총**

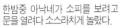

한밤중 아낙네가 소피를 보려고 문을 열려다 소스라치게 놀랐다.

에구머니나 도… 도둑이 들었네.

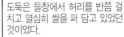

도둑은 들창에서 허리를 반쯤 걸치고 열심히 쌀을 퍼 담고 있었던 것이었다.

쓰윽 쓰윽

남편이라고 세상 모르고 자고 있으니

쌀… 몽땅 도둑맞게 생겼네.

끙… 이제 꽤 담았으니 가져가야 되겠구만,… 끙 무거워라.

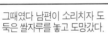

그때였다 남편이 소리치자 도둑은 쌀자루를 놓고 도망갔다.

도둑이야

이크!

아니, 좀 일찍 소리 지르시지 하마터면 쌀 몽땅 도둑 맞을 뻔 했잖소!

아… 나도 알고 있었는데 쌀이 가득 채울 때까지 기다리고 있었다오.

진작 소리 질렀으면 빈 자루가 가벼우니 그냥 빈 자루 들고 도망쳤을 거 아뇨.

자루 속에 쌀이 가득 찬 다음 소리 질렀으니 무거워 가져가지 못했으니… 보소 이렇게 쌀 자루가 하나 생겼잖소!

쌀

남편의 말에 아내는 방바닥을 치며 좋아 하더라

이러니 확실한 내 남편이라지 ~ 이♬

잠깬 김에 한 번 더~♬

—155—

주지란 짐승이 무엇인고.

어느 산중에 꽤 잘 사는 노인이 있었는데 워낙 깊은 산골이라 아침저녁으로 집 안팎을 두루 살피던 중, 하루 저녁엔 외양간을 살피며 하인에게 이르되 "이렇게 깊은 산골의 컴컴한 밤엔 호랑이와 주지가 크게 두려운 법이니 외양간을 각별히 잘 단속 하여라" 하고 경계삼아 말했는데, 여기서 주지라는 짐승은 실제 있는 짐승은 아니고 소도둑을 조심하라는 사람들의 비유의 말이었다. 이 때 한 마리의 큰 호랑이가 외양간 밖에 꾸부리고 앉아 있다가 주인과 머슴의 대화를 엿듣고는 스스로 생각하기를 "호랑이는 나지만 그놈의 주지라는 것은 어떠한 물건인고?……" 하고 궁금 하였지만, 깊은 밤중에 호랑이는 외양간에 침입하여 소와 말을 물어 마음껏 포식하고는 홀로 서 있을 때, 그때 마침 도둑놈 하나가 말을 훔치려고 외양간에 들어가 본즉 큼직한 말 한 필이 있는지라, 목에 고삐를 매고는 곧 잡아타고 쏜살같이 도주하였다. 호랑이는 등 위에 타고 앉은 것이 반드시 주지라는 괴물이라 지레짐작하고, 겁이 나서 힘이 풀려 주지가 모는 대로 달려 숲을 뚫고 골짜기를 넘어 실로 비호와 같이 달리었다.

이때 도둑은 속으로 생각하기를

"기가 막힌 천리 준총을 얻었구나." 하고 의기양양하게 고삐를 나까 체며 달렷다. 얼마쯤 달리다가 보니 먼동이 훤히 터 왔다.

이때 도둑은 말이 달리기를 잘 달리나 키가 어째 좀 작다 하고 생각하며 내려다보니, 이것은 말이 아니고 누렇고 검은 얼룩배기 여산대호였다. 도둑놈은 순간 혼비백산하여 어쩔 줄을 몰랐는데, 옆을 바라보니 늙은 고목이 하도 늙어서, 그 가운데 구멍이 보였으므로 도둑은 황급히 뛰어내려서 살짝 숨어 버리니, 호랑이도 크게 즐거워하며 뛰어 달아나는데, 그 앞에 커다란 곰 한 마리가 나타났다. 곰은 호랑이의 목 위에 고삐가 감긴 것을 보더니 호랑이를 향하여 "이게 웬 일입니까?" 하고 물었다. "말 마오. 주지란 놈을 만나 밤새도록 죽을 뻔하였는데 천만다행으로 주지란 놈이 나무 구멍으로 들어갔으므로, 이제 겨우 한 목숨을 건졌소." 하고 대답하니 곰이란 놈이 펄쩍 뛰며 "이보시오. 우리가 당신과 더불어 산중 제왕 소리를 듣는 터에 주지란 다 무슨 말이란 말이요. 내 마땅히 가서 잡아 없애리다." 하고 늙은 나무를 쳐다보며 홀로 중얼거리기를 "내 마땅히 요 조그만 추물을 발톱과 이빨의 신세를 지지 않고도 그로 하여금 숨통이 막혀 지쳐 죽게 하리라." 하고 곧 엉덩이로 고목의 구멍을 막고 걸 터 않으매, 도둑이 가만히 살펴본즉 곰의 물건이 대롱대롱 오뚝하니 달려 있는지라, 도둑이 급히 허리띠를 끌러 곰의 양물을 옭아 힘껏 잡아당기니, 곰의 호효하는 소리가 지축을 움직이는지라 호랑이가 그 소리를 듣고 "거봐 내 뭐랬어?…주지라고 아니했어, 주지 거 무서운 놈일세! 하

고 걸음아 날 살려라 하고는 뒤도 돌아
보지 않고 뒤닫거늘 때마침 나물 캐던
여인 두엇이 나체 바람으로 개울가에서
목욕하고 있다가 큰 호랑이가 달려오는 것을 보고, 다들 놀라서
숲속으로 뛰어들어 엎드려 있었다. 호랑이가 자세히 보니 여인
의 옥문이 옴폭하니 드러났는데, 시커먼 음모가 한없이 많을 뿐
아니라 마침 월경중이어서 시뻘건 피가 흐르는지라 호랑이는 은
근히 "바로 이놈이 주지란 놈이구나. 아까 곰을 잡아먹은 게 분
명하다. 그러기에 저렇게 곰의 털이 많이 묻어 있고 또 피 흔적이
낭자하지……아쿠 무서워라" 하고 죽어라 달려 도망하였다.

새색시 길들이기

법 없이도 살아갈 착한 선비 오서방이 장가를 들었다. 그런데 그 부인은 양반 가문에 오백 석 부잣집의 고명딸이라 언행이 기고만장해 첫날밤부터 얌전한 오서방을 깔아뭉갰다. 신랑이 신부의 옷고름을 푸는 게 아니라 신부가 신랑의 바지 끈을 푸는 기가 막힌 일이 난 것이다.

새색시의 오만방자한 행실은 신부 집 신행을 마치고 오서방 집에 오는 첫날부터 나타나기 시작했다. 마당에 첫발을 디디자마자 지붕을 쳐다보며 "이그, ~~초가삼간이라더니 이 집이 그 집이네."하고 오서방의 오장육부를 북북 긁어놓더니 방에 들어와서는 냄새가 난다고 향을 피우라며 소란을 떨었다.

한평생 남과 말다툼 한번 해본 적 없고 목소리 한번 높여본 적 없는 오서방은 빙긋이 미소를 머금고 새색시 하자는 대로 해줬다. 세월이 지나면 나아지겠지 싶어 오서방은 싫은 소리 한마디 하지 않았지만 새색시는 도를 더해 가기만 했다. 어느 날, 참다못한 오서방이 새색시를 앉혀놓고 타일렀다. "여보 우리도 정답게 오순도순 살아봅시다." 오서방 말이 끝나기도 전에 새색시는 "오손도손할

거리가 있어야 오손도손하지. 이놈의 집에 시집 와 호강은 고사하고 고생이나 안 했으면 좋겠구만"하고 악다구니를 퍼부어댔다.

하루는 오서방이 장에 갔다 오는데 강 건너 사는 어릴 적 서당 친구들을 만나 술 한 잔을 마시고 새색시 구워주려고 돼지고기 한 근을 사서 허리춤에 꿰차고 집으로 돌아오자 새색시가 또 앙탈을 부리며 이고 있던 물독을 오서방에게 내던졌다. 마침내 참다못한 오서방은 새색시의 귀싸대기를 후려치자 새색시는 털썩 주저앉으며 전에 보지 못한 오서방의 행동에 벌어진 입을 다물지 못했다.

"내 오늘 이놈의 마누라 버르장머리를 고쳐놓겠다."하고 오서방이 새색시의 머리채를 잡아끌자 악다구니가 터져 나왔다. "죽여라 죽여! 이 병신 같은 놈아." 오서방이 밧줄로 새색시의 두 팔과 두발을 묶어 대들보에 대롱대롱 매달아도 새색시의 악담은 그칠 줄을 몰랐다. 오서방은 처마 밑에서 화덕을 갖다 놓고 숯불을 피우고 숫돌에 스윽스윽 부엌칼을 갈았다.

그리고 새색시 치마를 걷어 올리고 고쟁이를 벌려 드러난 희멀건 엉덩이에 칼등을 대고 살을 베는 척 내리긋고 미리 준비한 찬

물수건을 엉덩이에 철썩 댔다가 뗐다. "이년 엉덩이고기 맛있겠네." 앙탈을 부리던 새색시가 사색이 되어 "사, 사, 사람 살려." 외쳐 보았지만 오서방은 들은 체도 않고 몰래 허리춤의 돼지고기를 꺼내 석쇠 위에 올려 구웠다. 지글지글 자신의 엉덩이 살(?) 굽는 연기가 피어오르자 새색시는 오줌을 싸면서 기절하고 말았다.

그 일이 있은 후로 새색시는 고양이 앞의 쥐가 되어 오서방을 하늘같이 모셨다고 한다.

그 아버지에 그 아들

관리 중에 청렴하기로 소문이 난 정갑손은 관직에 몸을 담아오면서 어찌나 청렴결백한지 사람들은 그를 대쪽대감이라 불렀다. 사적으로는 다정다감하고 겸손하며 친절하지만 공적인 일에는 서릿발처럼 엄격해 인정이 끼어드는 법이 없었다. 부하들에게는 언제나 경계의 끈을 놓지 않았다. "쌀 한 톨이라도 나라 재산을 축내는 자는 목을 쳐 벌하리라."

어떤 땐 멋모르는 관속이 뇌물이라 할 것도 없는, 집에서 만든 곶감을 싸 와도 "네 이놈, 나를 어떻게 보고 이런 짓을 하는 게야!" 호통을 쳐 돌려보냈다.

정갑손은 조상 대대로 물려받은 초가집에서 정갈하게 살며 평생을 무명 이불에 부들자리를 깔았으며 비단이불 한번 덮어보지 않았다. 그 아버지에 그 아들이라고, 정갑손의 아들 정오도 어리지만 매사에 반듯했다. 글도 빼어나 훈장님의 사랑을 독차지했고, 또래 친구들이 사자소학을 공부할 때 정오는 벌써 사서를 읽기 시작했다.

효성도 지극해 서당 갔다 산길을 걸어오며 산딸기를 따면 다른

아이들은 제 입에 넣기 바쁜데 정오는 집으로 갖고 와 아버지께 드렸다.

몇 년 후, 정갑손은 함길도 관찰사로 부임하게 됐고 온 식구들이 그곳으로 이사를 갔다. 정오는 열일곱 헌헌장부가 되어 삼경까지 통달했다. 정갑손이 나라의 부름을 받아 한양에 가서 한 달간 맡은 일을 공정하게 처리하고 다시 함길도로 돌아와 본즉 결재서류가 산더미처럼 쌓여 있었다.

정갑손이 밤을 새우며 결재하다가 향시 합격자 명단을 보게 되었다.(향시는 지금의 도청급인 관찰부에서 치르는 지방과거로 합격하면 초시나 생원이 되어 본고사인 한양의 과거를 볼 자격이 부여되었던 것이다.) 함길도 향시 장원에 정오의 이름이 올라 있었다.

그는 이방을 불러 호통을 쳤다. "당장 정오의 장원을 취소시키렸다." 이튿날 아침, 향시출제채점위원인 시관들이 몰려왔다. "정오의 학문은 당장 한양 과거에 가도 장원이 틀림없소이다." "그것은 우리를 모독하는 것이외다." 나이 지긋한 시관들이 항의하자 정갑손은 한술 더 떴다. "정오의 장원을 취소하는 게 아니라 향시 합격을 취소하는 겁니다."

시관들은 모두 사표를 던졌지만 정갑손은 흔들리지 않았다. "내가 관찰사로 있는 한 정오는 합격시킬 수 없소이다."

이튿날 아침, 정오는 밝은 표정으로 아버지 정갑손에게 큰절을 올리고 경상도 그의 외가로 내려갔다.

이듬해 그는 경상도에서 향시 장원을 하고 한양으로 올라가 과거에도 장원을 해서 어사화를 쓰고 말에 올라 함길도로 돌아갔다.

솔로몬의 지혜

남편이 있는 어느 부인이 이웃집 소년과 정을 통했는데 뒤탈이 두려워 이 소년을 관가에 고발하게 됐다 이에 사또가…

부인은 당시의 상황을 소상히 얘기하거라!

부인은 상황을 설명하게 됐는데

예, 이 소년이 한 손으로 저의 두 손을 잡고 또 다른 손으로는 저의 입을 막고 소리를 지르진 못하게 하더니

또 다른 손으로 자기의 양 근을 잡더니 소인의 그 곳에 밀어 넣으니… 힘이 약한 아녀자인 제가 어찌 힘센 남정네의 힘을 당할 수가 있겠습니까요?

이에 사또는 속으로 뭔가 알았다는 듯 하더니… 곧 화난 척 큰 목소리로

다시 한 번 부인에게 묻노라 사람의 손이 둘이거늘

어찌 너의 두 손을 잡은 손과 입을 막은 손 외에 또 무슨 손이 있어 양 근을 잡고 밀어 넣었단 말이냐?

…??

손이 셋 달린 사람도 있더란 말이냐?

그러자 부인은 두려워하다 실토하고 말았다.

아이고… 쉰네 죽여주옵소서!

…!

그 음경을 잡아 쉰네의 그 곳에 밀어 넣은 손은 생각해보니 바로 쉰네의 손이었나이다.

이 말을 들은 사또는 탁자를 크게 치며 웃더니 돌려보내더란 말씀!!

반반합디다의 의미는?

한 가난한 백성이 암말 한 마리를 가지고 있었는데 워낙 가난하여 키우기 곤란한지라 이웃 절간의 중에게 맡겨 키우게 하였다. 그 스님은 워낙 그것에 주리던 중이라 틈을 엿보아 음사를 행하여 나날이 빠지는 날이 없었다. 그러다 스님은 말에게서 비로소 인간의 지상미를 느끼게 쯤 되었다. 이 때 한 사미승아이가 이따금 스승이 하는 짓을 보고는 크게 괘씸하게 여길 뿐만 아니라 제기도 하려고 하나 제대로 되지 않아, 스승이 멀리 출타한 틈에 쇠붙이를 불에 달구어 말의 음문을 지져버렸다. 중이 돌아와 또 한번 그 일을 하려고 하는데 말은 아까 모양으로 다시 불로 지질까봐 껑충 뛰면서 중의 허리를 차버리니, 중이 땅에 엎어지면서 웃으며 말하되

"요년이 내가 그 동안 잠시 밖에 다녀왔다고 질투하느냐." 하고 꾸짖으며 다시금 접근하는데 이번엔 더욱 높이 뛰면서 스님의 어깨뼈를 후려차서 뼈가 부러졌는데, 아직도 정신을 못 차린 스님이

"요년이 왜 이렇게 사나워졌노?" 하고 자세히 음부를 살펴보니 불로 지진 상처가 너무도 심한지라, 스님이 혀를 빼물며 끌고 그 주인집에 가서 가만히 나무에 매어 놓고 몰래 돌아오려고 하였겠다. 이 때 주인의 아들이 마침 이를 발견하고 그 아비에게

"지금 스님께서 말을 몰고 돌아오셨습니다."하고 일러바치니 비록 가난한 백성일망정 음식을 장만하여 문 밖에 나가 스님을 맞이하려고 할 때, 스님은 일이 탄로된 줄 지레 짐작하고 손에 삿갓을 든 채 소매를 벌벌 떨며

"당신네 말의 음문이 본시 반반합디다. 본시 반반합디다."하였다 한다.(반반은 불에 데어서 번들번들해진 형용의 사투리)

벗겨졌으면 윗길이요.

무릇 사람의 양물이 훌랑 가진 것이 있기도 하고, 머리가 감추어진 우멍거지가 있기도 한 것이다. 어느 때 강원 감사가 새로 부임하는데 여러 기생들이 교방에 모여서 서로 지껄이기를 "이번 감사사또께서 양물이 벗겨졌겠느냐? 아님 우멍거지 겠냐? 그 어느 쪽인지 알 수가 없구나."하고 떠들 때 그 중 사또께 수청 들기로 된 기생이 웃으면서 말하되

"벗고 벗지 아니하였음은 내가 먼저 알 수 있을게 아니냐?" 이 말을 노비가 훔쳐듣고 대답해 가로되 "탈과 갑을 아는 데는 내가 아니고 누구랴."하고 나서니 기생들이 손뼉을 치며 말하기를

"망령이로다. 너의 행실이여! 먼저 알 따름이니 후에 또한 어찌 알리오."

이때 관노 한 놈이 나서면서 기생들에게 "내가 만일 그 사실(벗겨지고, 우멍거지고)을 먼저 아는 경우에는 그대들은 어찌하리오!"하고 말하니 기생들이 말하되 "그렇게만 한다면 우리들이 사또 맞는 잔치에서 그대에게 후한 상금을 드리리다."하니 관노가 기뻐하여 말을 달려 십리 길에 나아가 두 갈림길이 있는 옆에 당도하여, 새로 부임하는 감사를 기다리다가 감사가 당도함에 감사의 앞에 나아가 공손히 인사하고 말하기를

"이 고장 풍속이 있어 예로부터 전해 옵니다. 여기 길이 두 갈

래로 갈려 있사온 바 사또께서도 이에 당도하여 양물이 벗겨지셨으면 윗길로 가셔야 하옵고, 그것이 우멍거지시면 아랫길로 가셔야 하실 줄 압니다. 만일 이를 어기시면 성황신이 대로하여 성황당 안팎의 사령 관노들은 말도 듣지 않고 불충할지며 뿐만 아니라 온갖 이속들이 영민치 못하여 멍텅구리가 되어 버립니다. 소인이 미리 아뢰옵기는 다만 사또를 위한 일편 충심이오니 원컨대 사또께옵서 판단하시옵소서." 이 말을 듣고 감사는 어이가 없는 중에 말고삐를 붙잡고 한참 있더니 눈을 지그시 감고 일부러 크게 노하여 소리치데

"그게 대체 무슨 돼먹지 못한 풍속이란 말이냐?" 하고 한번 꾸짖은 다음 그래도 안 됐든지 "윗길로 가는 것이 옳으니라." 하였다. 그리고는 스스로 말 위에서 중얼거리기를 "무릇 사람의 양물은 비록 형제라도 볼 수 없는 것이며 붕우의 사이라도 이를 서로 숨기는 바이나, 이제 저 조그만 관노 놈까지 아는 바 되었고, 이리하여 온 고을이 다 알게 되었으니, 내 이제 이를 속일 길이 없으나 그러나 내 또한 이와 같은 수법으로써 내가 받은 부끄러움을 씻으리라." 하고 벼르더니 부임 이튿날 아침에 영을 내려 가로되

"너희들은 듣거라! 오늘 나를 보러 들어오는 자 마땅히 그것이 벗겨진 자는 섬돌 위에 오를 지며, 우멍거지인 자는 뜰아래에서 보아야 한다." 이에 그

품계를 따라 혹은 섬돌 위를 밟고 한 발은 뜰아래에 놓았거늘 감사가 "너 웬 일이냐?"하고 물으니 "소인의 물건은 불탈불갑이온데 세상에서 이르기를 자라자지이옵기에, 그 어느 곳을 좇아야 할지 알지 못하여 이와 같은 형상을 지었습니다." 하고 그 사연을 말하니 감사가 웃으면서 "이제 그만두고 모두 물러 가렸다." 하고 인심 쓰듯 말하더라.

평양 기생 모란의 유혹

평양에 모란(牧丹)이란 기생이 있었는데, 용모가 아름답고 재능 또한 뛰어나서 서울로 뽑혀 들어오게 되었다.

이 때 시골에서 정부 부처의 지인(知印:자잘한 일을 하는 아전) 자리를 하나 얻어 상경한 이씨 성을 가진 선비가 있어, 돈을 많이 갖고 있었다.

이 선비는 시골에서 처갓집이 돈 많은 부자 집안이라, 상경할 때 장인 장모가 사위의 객지 생활을 걱정해 많은 재물을 챙겨 주었다. 그리하여 서울 도성 안에 집을 빌려 숙소를 정했는데, 공교롭게도 기생 모란의 집과 이웃해 있었다.

한편, 모란은 이씨 선비가 서울로 올라와 이웃에 숙소를 정하는 동안 유심히 살피니, 짐이 매우 많고 재물도 많은 것처럼 보였다. 그러자 모란은,

'마침 잘 됐구나. 내 재물 많은 선비를 만나려고 애쓰던 참이었는데, 이웃에서 봉을 만나게 되었으니 정말 행운이로다.'

라고 생각하며 본격적으로 접근해 보려고 계책을 꾸몄다.

하루는 모란이 이씨가 머물고 있는 집으로 슬쩍 들어갔다. 그리고는 이리저리 둘러보다가, 깜짝 놀라는 척하며 말하는 것이었다.

"어마나, 나는 아는 사람 집인 줄 알고 들어왔더니

아니로구먼요. 존귀하신 선비가 계시는 줄도 모르고 이렇게 들어와 죄송하옵니다. 무례한 행동을 용서하소서."

이러고는 허리를 굽혀 인사한 뒤 홱 돌아서 나갔다.

이 때 그 아름다운 모습을 본 이씨는 그만 정신을 잃고 밤잠도 설친 채, 그저 다시 한 번 보기를 고대하고 있었다.

그렇게 며칠이 지난 뒤 이씨가 저녁밥을 먹고 혼자 무료하게 앉아 있는데, 기회를 엿보던 모란이 좋은 술과 맛있는 안주를 마련하여 이씨를 찾아왔다.

그리고는 술상을 차려 이씨 앞에 내놓으며 말하는 것이었다.

"아직 어린 나이에, 고향집을 떠나 이렇게 홀로 계시니 얼마나 적적하신지요? 소녀도 남편이 멀리 군역으로 떠나가서 해가 바뀌어도 돌아오지 않으니, 매우 외로운 나날을 보내고 있답니다. 속담에도 과부 사정은 홀아비가 안다고 하지 않사옵니까? 그러니 허물하여 꾸짖지 마시고, 소녀가 가져온 이 술이나 한잔 드시면서 객지의 무료함을 달래 보시기 바랍니다."

이렇게 모란이 부드러운 말로 위로하니, 이씨는 봄바람에 눈 녹듯 그대로 긴장이 풀려 버렸다.

이에 모란은 계속 술을 부어 권하면서 교태 어린 말로 그의 마음을 사로잡으니, 이씨는 마침내 취하면서 여인의 가는 허리를 힘껏 끌어안았다.

그리고는 상기된 정렬을 억제하지 못하고 옷을 벗겨 함께 누운 뒤, 꿈속 같은 시간을 보내며 허우적거리고 있었다.

　그렇게 황홀한 밤을 보낸 이씨는 모란의
제의에 따라 이튿날 당장 그녀의 집으로
들어갔고, 시골에서 장인 장모가 정성껏
마련해 준 재물도 모두 옮겨갔다.

　이씨가 모란의 집에 사는 동안, 그녀는 아침마다 여종을 불러
이렇게 당부하는 것이었다.

　"애야, 서방님 음식을 아주 정결하고 풍성하게 잘 차리되, 서방
님이 즐겨 드시는 것으로 마련해야 한다."

　그러자 이씨는 진정 객지에서 좋은 짝을 만났다고 생각하며 시
골에서 가져온 재물 궤의 열쇠를 모두 모란에게 맡긴 채, 세상 가
는 줄 모르고 향락에 젖어 살았다.

　하루는 갑자기 모란의 얼굴이 슬퍼 보였다. 이에 이씨는 걱정
스러운 표정으로 위로하며 물었다.

　"왜 그러는 거요? 우리 사이의 정의가 점점 소원해져서 그러시
오? 아니면 의식(衣食)이 부족해 그런 거요? 어서 말을 해보시
오."

　"서방님, 아무 관원은 내 친구를 사랑하여 같이 살고 있사온데,
금비녀와 녹색 비단옷을 사주었답니다. 그 관원이야말로 진정한
창부(娼夫)라 할 수 있을 것입니다."

　"아, 그런 것이라면 어렵지 않소. 내 얼마든지 들어
줄 수 있다오. 걱정하지 말고 무엇이든 말만 하구
려."

　"하지만 서방님. 내 서방님과 동거하고 있는 몸으

로 서방님의 재물은 점점 말라가는데, 어찌 사달라는 말을 할 수 있겠는지요?"

"무슨 소리? 어서 말해 보시오, 내 다 사줄 것이니."

이씨는 모란의 걱정에 화를 내면서, 친구가 선물로 받았다는 물품보다 더 많은 것을 사주었다.

그리고 며칠이 지났다. 하루는 비단 장수가 와서 구름무늬가 있는 고운 비단을 사라고 했다. 이에 이씨는 역시 남은 재물을 모두 털어 그 비단을 사주려고 하니 모란은,

"서방님, 좋기는 좋은 비단이오나 낭탁이 모두 비어 가는데, 살아갈 걱정을 하셔야 하지 않겠는지요?"

라고 말하며, 거짓으로 말리는 체하는 것이었다. 이에 이씨는 큰소리로 꾸짖으며, 있는 돈을 다 털어 사주면서 말했다.

"아무 걱정 없으니 염려하지 말구려."

이씨가 가져온 돈이 모두 바닥난 그 날 밤 밖에 나갔다가 돌아오니, 모란은 여종을 데리고 값진 물건을 모두 챙겨 어디론가 자취를 감춰 버렸다.

곧 이씨는 등불을 밝히고, 혹시나 돌아올까 하여 밤새도록 뜬눈으로 기다렸으나, 모란은 날이 새고 해가 중천에 떴는데도 전혀 나타날 기미를 보이지 않았다.

이에 아침밥이나 지어 먹을 생각으로 자신이 가져온 궤를 열어 보니 돈 한 푼 들어 있지 않았고, 집안에는 쌀 한 톨 남은 것이 없었다.

그러자 이씨는 너무 분하고 억울해 탄식을 하면서 스스로 목숨

을 끊으려 하는데, 이웃집 노파가 그 탄식 소리를 듣고 찾아왔다.

"선비는 모르고 있었소? 이런 것이 다 기생들의 상투적인 수단이지요. 아침마다 여종에게 음식을 잘 마련하라고 시킨 것은 선비의 재산을 몰래 빼내려는 수작이었고, 다른 기생에게 관원이 값진 물건을 사주었다고 한 것은, 선비에게 경쟁심을 불어 넣어 사주도록 한 것이었으며, 마지막에 비단 장수가 찾아온 것 역시 서로 짜고 꾸며 선비의 재물을 모두 빼앗으려는 수작이었답니다. 한데 그런 걸 몰랐다니 참으로 가엾구려."

이웃집 노파의 말을 들은 이씨는 주먹으로 땅을 치면서,

"내 그 요귀를 보기만 하면 몽둥이로 때려죽일 것이오. 그래서 거꾸로 세워 옷을 홀랑 벗겨 버리리다."

라고 말하며 집을 나섰다. 그리고 교방(敎坊) 근처로 가서 길가에 숨어 지나가는 기녀들을 살펴보고 있으니, 마침 모란이 다른 기생 십여 명과 함께 떠들고 웃으면서 나오는 것이 보였다.

이를 본 이씨는 속이 뒤집히고 끓어오르는 울분을 참을 수 없어, 곧 몽둥이를 들고 뛰어나가면서 큰소리로 외쳤다.

"이 요귀, 이 요귀야! 게 섰거라! 네 비록 창기 노릇을 하지만, 어찌 차마 그런 짓을 할 수 있단 말이냐? 속히 내가 사준 금비녀와 비단을 내놓아라! 그렇지 않으면 때려죽이겠노라."

그러자 이씨를 본 모란은 손뼉을 치고 크게 웃으면

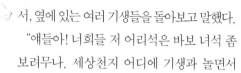

서, 옆에 있는 여러 기생들을 돌아보고 말했다.

"얘들아! 너희들 저 어리석은 바보 녀석 좀 보려무나. 세상천지 어디에 기생과 놀면서 준 재물을 돌려 달라는 바보 멍청이가 있다더냐? 너희들은 저런 어리석은 사내를 본 적이 있느냐?"

"뭐라고? 호호호! 세상에 그런 바보도 다 있다니? 어디, 얼굴이나 좀 보자꾸나. 어떻게 생겼기에 그런 멍청한 소릴 하는지."

이러면서 여러 기생들이 큰소리로 웃으며 몰려들어, 그의 얼굴을 들여다보는 것이었다. 이에 이씨는 부끄러워 더 이상 아무 말도 못하고 손으로 얼굴을 가린 채 고개를 돌리고, 사람들이 많은 데로 달려가 숨었다.

그 뒤로 이씨는 의지할 데 없는 신세가 되어, 지인의 자리에서도 쫓겨난 채 걸인이 되고 말았다. 이에 몇 집을 돌면서 밥을 얻어먹다가, 서울에서는 더 이상 걸인 행세를 하며 살 수가 없으니 고향에 내려가기로 마음먹었다.

곧 그는 밥을 빌어먹으며 걸어서 여러 날 만에 시골 처갓집에 도착했다. 걸인이 되어 돌아온 사위를 보자, 장인 장모는 집에 발도 들여 놓지 못하게 하면서 대문을 닫아걸고 내쫓는 것이었다.

부모마저 일찍 세상을 떠나 어디에도 의지할 곳 없는 이씨는, 마침내 이집 저집 돌아다니며 문전걸식을 하는 완전한 거지가 되었다.

이에 그를 아는 사람들은 손가락질을 하며 비웃어, 세상의 웃음거리가 되고 말았다.

금부처

눈발이 펄펄 휘날리는 경상도 안동 땅에 꾀죄죄한 낯선 선비 한 사람이 보따리 하나를 안고 나타나 천석꾼 부자 조참봉 댁을 찾아갔다.

조참봉에게 공손히 인사를 올린 젊은 선비는 목이 멘 목소리로 하소연을 늘어놓는다.

"소인은 옹천 사는 허정이라 하옵니다. 연로하신 아버님께서 아무 이유도 없이 관가에 끌려가시더니 말도 안되는 이런저런 죄목을 덮어쓰고 덜컥 옥에 갇히고 말았습니다. 엄동설한에 옥중에 계신 아버님 생각을 하면…" 효자 선비는 설움에 복받쳐 말을 잇지 못하고 어깨를 들썩이며 닭똥 같은 눈물만 흘렸다. 눈물을 닦은 선비는 하던 말을 이어갔다. "이방이 찾아와 500냥만 내면 풀어주겠다는 귀띔을 주건만 그 거금을 마련할 길이 없어…" 젊은 선비는 가지고 온 보따리를 풀었다.

높이가 한자쯤 되는 휘황찬란한 금부처가 모습을 드러냈다. "저의 25대 선조께서 고려 법흥왕으로부터 하사받은 이 금부처는 저희 집의 가보로, 가문의

자랑으로 고이 간직하고 있었습니다. 부끄러운 일입니다만 이걸 담보로 500냥만 빌려주시면 정월 그믐까지 이자 100냥을 붙여 꼭 갚겠습니다." 젊은 선비는 조참봉이 선뜻 내놓은 500냥을 안고 눈발 속으로 사라졌다.

그날부터 조참봉은 친구며 이웃 닥치는 대로 불러 금부처를 자랑하는 게 하루 일이 되었다. "그 가난한 선비가 두 달 만에 무슨 수로 600냥을 구할까. 이 금부처는 모르긴 몰라도 9할은 자네 것이 되었네." 금부처를 보고 감탄한 친구의 말에 조참봉은 껄껄 웃었다.

어느 날 서당에서 돌아온 손자 녀석이 조참봉의 간을 떨어뜨렸다. "할아버지, 고려왕조에서는 법흥왕이 없었습니다. 그리고 이 금부처는 순금덩어리가 아니고 납덩어리에 도금한 거예요. 이걸 보세요."

조참봉은 집사를 옹천 땅으로 보내 허정을 찾아 데려오라 했지만 헛걸음이 되었다. 사기꾼이 자기 사는 곳을 곧이곧대로 얘기했을 리 만무하다. 조참봉은 식음을 전폐하고 드러눕게 되었다. 손자 녀석이 들어와서 한다는 말이 "할아버지, 걱정하실 것 없어요. 금부처가 가짜라는 걸 입 밖에 내지 마세요." 새벽녘에 손자

녀석이 밧줄로 제 할아버지를 포박하고 자신도 포박한 후 조참봉이 고래고래 고함을 질렀다. 하인들이 몰려왔다. "네 이 놈들 간밤에 도둑이 들어온 것도 모르느냐" 안동 부자 조참봉이 담보로 잡아둔 금부처를 도둑맞았다는 소문은 꼬리에 꼬리를 물고 천리만리 퍼져나갔다.

한몫 잡아 풍기에서 첩살림을 차려놓고 빈들거리던 사기꾼 귀에도 그 소문은 들어갔다. '잡고 있던 담보물건을 잃어버렸다. 이건 부르는 게 값이렷다! 5천 냥, 아니야 만 냥은 받아내야지.'

사기꾼은 600냥을 만들어 정월 그믐이 되기도 전에 안동 땅으로 조참봉을 찾아갔다. 소문대로 조참봉은 드러누워 있었다. "여기 이자 100냥을 붙여서 600냥을 갖고 왔습니다. 제 금부처를 돌려주시지요." 조참봉이 다 죽어가는 목소리로 "이 일을 어떡하면 좋겠습니까. 그만 도둑을 맞고 말았습니다." 젊은 선비가 방방 뛰었다. "뭐라구? 당장 사또 앞으로 가자구!"

조참봉이 일어나 "여봐라, 이 선비가 사또 앞으로 가자신다. 그 가짜 금부처를 갖고 오너라." 하인들이 우르르 몰려와 사기꾼을 포박했다.

계란 위에 계란 세우는 법

옛날에 한 이름 있는 재상이 있었는데, 임금의 잘못을 강력히 주장하다가 심기를 거슬러서 멀리 떨어진 섬으로 귀양을 가게 되었다. 그리하여 재상이 떠나는 날 부인이 따라 나오며 소매를 붙잡고 울부짖는 것이었다.

"여보 영감! 지금 이렇게 가시면 언제쯤 풀려나 돌아올 수 있겠는지요? 얼마나 많이 기다려야 합니까?"

"부인! 울지 말구려. 내 돌아올 날은 기다리지 않는 것이 좋을 거요. 계란 위에 계란이 세워진다면 돌아올 수 있을라나."

"영감! 계란 위에 계란을 어떻게 세워요?"

부인은 그 자리에 주저앉아 울었고, 재상은 말을 타고 떠났다.

그 뒤로 부인은 날마다 상 위에 계란 두 개를 올려놓고 공손히 절을 하면서,

'제발 계란 위에 계란이 올라서게 해주십시오.'

라고 빈 다음, 그 앞에 꿇어 앉아 조심스럽게 계란을 세워 보는 것이었다. 그러나 계란은 번번이 옆으로 미끄러져 떨어졌다.

부인은 이렇게 하루도 쉬지 않고 밤낮으로 해보았지만, 한 번도 계란은 세워지지 않았다. 그렇게 일 년 이 년이 지나니, 부인은 외딴 곳에서 고생하는 남편이 너무 걱정되어 가슴이 아파 울면서 애걸하듯 매달렸지만, 계란은 무정하기만 했다.

이 때 임금이 밤에 종종 미복을 하고 거리를 돌며 불 켜진 창문 아래에서 여론을 청취하곤 했는데, 마침 재상 부인이 계란 위에 계란을 세우려 애쓰면서 통곡하는 소리를 듣게 되었다. 한데 그 모습이 너무나 가엾고 통곡 소리 또한 너무 슬프게 들렸다.

이튿날 아침, 임금은 내시를 시켜 그 부인 집을 찾아가 무슨 곡절인지 알아보라고 했다. 이에 돌아온 내시는 부인에게서 들은 이야기를 그대로 아뢰었다.

"남편 재상이 귀양을 가면서 계란 위에 계란이 세워지면 돌아올 수 있을 것이라고 하여, 부인이 계란을 세워 보겠다고 몇 년 동안 저렇게 애쓰는 것이라 하였사옵니다."

"계란 위에 계란이라…, 그 부인의 정성이 가상스럽구나."

임금은 부인의 정성에 감탄하여, 그 남편을 석방시켜 주었다. 이에 서울로 돌아온 재상은 먼저 임금 앞에 엎드려 성은에 감사드리는 인사를 올렸다.

"전하! 신의 죄를 사하여 주시니 성은이 망극하옵나이다."

"음, 한데 경이 이렇게 풀려나게 된 연유를 알고 있는가?"

"전하! 신 그저 성은에 감사드리옵고 망극할 따름이옵나이다."

"아니라네, 그건 계란 위에다 계란을 올려 세웠기 때문이라네."

그러나 재상은 그것이 무엇을 뜻하는지 알지 못하고, 그저 '성은이 망극하옵나이다.' 라는 말만 연속으로 아뢰면서 눈물을 줄줄 흘리더라.

두고 온 조끼

황첨지네 집에서 5년이나 머슴 살다 새경으로 밭이 딸린 산 하나를 얻어 나온 노총각 억쇠는 산비탈에 초가삼간 집을 짓고 밤이고 낮이고 화전을 일구어 이제 살림이 토실하게 되었다.

눈발이 휘날리는 어느 겨울날 오후, 군불을 잔뜩 지펴 뜨뜻한 방에 혼자 드러누워 있으니 색시 얻을 생각만 떠올랐다. 그때 "억쇠 있는가?" 귀에 익은 소리에 문을 여니 황첨지 안방마님이 보따리 하나를 머리에 이고 마당에 들어서는 게 아닌가. 억쇠는 맨발로 펄쩍 뛰어내려 머리에 인 보따리를 받아 들었다.

"그저께 김장하며 자네 몫도 조금 담갔네." 억쇠는 고맙다는 말도 못하고 우두커니 선 채 그만 눈물이 핑 돌았다. "자네 살림은 어떻게 하나 어디 한번 보세." 마님은 부엌에 들어가 억쇠가 만류해도 들은 체 만 체 흩어진 그릇을 씻고 솥을 닦았다.

방에 들어온 마님은 억쇠를 흘겨보더니 "김치항아리를 이고 개울을 건너다 발이 삐끗하더니 발목이 시려오네, 자네가 좀 주물러주게." 버선을 벗어던진 마님의 종아리를 본 억쇠는 고개를 돌리고 발목을 주무르는데 "무릎도 좀 …" 마님이 고쟁이를 걷어 올리자 희멀건 허벅지가 드러났다. 억쇠의 하초는 빳빳해지고 마님의 숨소리는 가빠지다가 마침내 마님이 억쇠의 목을 껴안고 자빠졌다.

마흔이 갓 넘은 마님의 농익은 몸은 불덩어리가 되었다. 노총각 억쇠의 바위같은 몸이 꿈틀거릴 때마다 마님은 숨이 넘어갈 듯 자지러졌다. 뒤돌아 꿇어앉아 바지춤을 올리며 억쇠는 모기소리 만하게 "마님, 죽을 죄를 지었습니다." 마님은 십년 묵은 체증이 가라앉은 듯 날아갈 듯한 목소리로 "자네는 내게 적선을 한 게야. 자네도 알다시피 바깥양반이란 게 허구한 날 젊은 첩년 치마폭에 싸여서 한 달에 한 번도 집에 들어오는 법이 없네."

마님과 억쇠는 또 한 번 불타올랐다. 봇물이 터지듯이 황첨지 안방마님은 툭하면 떡을 싸들고, 호박죽을 들고, 쇠고기를 들고 억쇠네 집으로 왔다. 어느 날, 억쇠 품에 안긴 마님이 "나 이제 고개 넘고 개울 건너 이곳까지 못 오겠네. 날이 어두워지면 자네가 우리 집에 오게." 대담하게도 안방마님은 억쇠를 안방까지 끌어들였다.

삼경이 가까워올 무렵 안방에서 한참 일을 치르고 있을 때 난데없이 집에 오는 길을 잊은 듯 하던 황첨지가 대문을 두드렸다. "문 열어라!" 억쇠는 바지만 걸쳐 입고 옷을 옆구리에 찬 채 봉창을 타고 빠져나와 뒷담을 넘어 사라졌다.

그런데 너무 급한 나머지 집에 와서 보니 조끼를 두고 온 것이 아닌가. 황첨지가 저잣거리 껄렁패를 데리고 곧장 덮쳐올 것 같아 문을 잠그고 도망쳤다.

　　　　　　　나루터 주막집으로, 머슴 친구 문간방으
　　　　　　로, 객줏집으로, 봉놋방으로 동가식서가숙
하던 억쇠는 어느 날 술에 취해 곰곰이 생각하니 집에도 못 들어
가고 계속 도망 다니는 신세가 처량하고 한편으로는 황첨지를
배신한 자신이 죽일 놈이다.

　황첨지는 오입쟁이지만 통 크고 인정 많아 5년 동안 머슴 살 때
모진 소리 한번 듣지 않았었다.

　이튿날은 황첨지네 조부 제삿날이라 황첨지가 본가에 머무르
는 것을 알고 억쇠가 찾아갔다. 황첨지에게 잘못을 빌고 죽든지
살든지 운명에 맡기기로 했다. 술잔을 들다 말고 황첨지가 "억쇠
왔냐." 억쇠가 꿇어앉아 죽을죄를 지었다고 말하려는데 옆에 앉
은 마님이 "어제도 억쇠가 영감 만나 긴히 의논하러 왔다가 헛걸
음하고 갔지요." 억쇠는 눈만 크게 뜨고 있는데 안방마님이 대신
고백을 하는 게 아닌가.

　"억쇠가 글쎄 부잣집 안방마님과 안방에서 정을 통하다 갑자기
바깥양반이 들어와 뒷문으로 도망을 쳤는데 집에 가서 보니 조
끼를 두고 갔다지 뭡니까." 이어진 안방마님의 말솜씨가 절묘하
다. "그래서 제가 그랬지요. 샛서방을 안방까지 끌어들이는 여자
라면 어련히 그 조끼를 처리했으려고."

　황첨지가 껄껄 웃으며 "그럼 그럼, 걱정할 것 없어."

요즘 처녀가 어딨어?

어느 총각이 장가를 가게 되어 첫날밤을 맞고 있었는데

힘! 힘…

친구들이 처녀들 중 이미 경험한 경우가 적지 않다하는 소리를 들은지라

요즘 처녀가 어디 있는감?

새 신랑은 계책을 꾸미고 있는 중이었다.

그래 ,이렇게 해보자.

새 신랑은 벌떡 일어나더니

햐~ 이거야 원 거기가 그렇게 좁아서야 내 큰 양 근이 어찌 들어갈꼬?

벌떡

칼로 찢어서 거기를 넓힌 다음 하던가 해야지.

그러고는 칼을 가지러 간다고 부엌으로 나가는 척 하자 새 신부가 신랑을 잡더니

……!

서방님!

갑자기 놀라 하는 말

아니어요, 아니어요. 칼로 찢어 넓힐 필요는 없어요. 지난번 건너편 김좌수댁 아들과 할 때는 칼로 찢지 않고도 그 큰 물건을 잘 넣었거든요.

그러니 내 것이 그렇게 좁은 건 아니랍니다.

새 신랑은 기절하고 말았다.

모르는 게 약이라니까…

한 기생의 안목(一柳姓者)

서울에 유씨(柳氏) 성을 가진 한 선비가 있었다. 일찍이 이 선비는 글을 읽어 문장이 뛰어났지만, 과거를 볼 때마다 낙방하여 나이 쉰에 이르도록 급제를 하지 못했다. 그리하여 고심하다가 쉰 살이 넘어 겨우 급제를 하니, 그 뒤로 승승장구하여 마침내 재상의 대열에까지 오르는 영광을 안았다.

이렇게 유씨 선비는 뒤늦게 급제를 하다 보니, 그 동안에 여러 가지 어려움을 겪어야 했다. 나이 마흔이 되었을 무렵 딸이 이미 장성하여 시집을 보내야 했는데, 집이 워낙 가난하니 출가 비용을 마련할 길이 없었다.

이에 유씨는 생각다 못해 딸의 혼수 비용을 빌리기로 하고, 이 사람 저 사람을 떠올리다가 다소 면식 있는 사람이 전라도 감사로 부임해 있다는 소문을 듣고, 그를 찾아가서 한번 부탁해 보기로 마음을 먹었다.

곧 선비는 부인이 애써 마련해 준 돈으로 말과 종을 빌려 타고서, 허름한 차림으로 전주로 향했다. 그리하여 겨우 감영에 도착하니, 어쩐지 주위가 한산하고 썰렁한 느낌이 들었다.

선비는 이상하게 여기면서 문을 지키는 군졸에게 묻자, 그 사람은 며칠 전에 임기가 끝나 서울로 올라가고, 지금 새 감사가 부임해 내려오고 있는 중이라고 했다.

'그것 참, 난처하게 되었구먼. 겨우 여기
까지 오기는 했지만 돌아갈 여비가 없으니,
이를 어쩌면 좋을꼬?'

이러면서 한탄하고 있는데, 마침 나이 어린 기생 하나가 보고
있다가 앞으로 나와 인사를 올리는 것이었다. 유씨 선비는 전주
에 처음 왔을 뿐만 아니라, 별다른 출입도 없이 독서만 해왔으니
아는 기생이 있을 리 없었다. 그런데 뜻밖에 기생으로부터 인사
를 받고 나자 이상하여 물었다.

"너는 일찍이 나를 본 적이 있느냐? 어찌 나를 알아보고 인사를
하느냐? 나는 전혀 기억이 없는데."

"예, 선비어른! 양반을 보고 인사를 올리는 것은 기생의 본분에
속하는 일이옵니다. 알고 모르고는 상관이 없는 일이옵니다."

"음, 그렇다면 고마운 일이로구나. 네 이름이 무엇이냐?"

"예, 소녀의 이름은 '홍옥(紅玉)'이라 하옵니다."

이렇게 이름을 밝힌 기생은 한참 동안 살펴보다가 물었다.

"어르신의 행차를 뵈니, 아마도 서울로 올라가신 사또나리를
뵙고 무엇인가 부탁을 드리러 오신 것 같사옵니다. 무슨 일이 있
어 오셨는지 소녀가 들으면 안 될 일인지요?"

그러자 유씨 선비는 이 기생이 예사로 보이지 않
아, 자신이 내려오게 된 연유를 소상히 일러 주었
다. 그리고는 기생을 쳐다보며,

"가난한 선비의 집안 사정을 주책없이 털어 놓아

부끄럽구나."

라고 말하면서 얼굴을 붉히고 웃었다.

이에 기생은 그의 오라비 이름인 '청동(青銅)'을 부르니, 한 남자가 달려왔다. 곧 기생은 그의 오라비에게 일렀다.

"오라버니, 여기 선비양반이 빌려 타고 온 말과 종에게 후한 노자를 주어 서울로 먼저 돌려보내 주십시오."

이리하여 종과 말을 먼저 올려 보낸 뒤, 선비를 자기 집으로 데려갔다. 그리고는 유씨 선비에게 잘 차린 저녁 식사를 대접하고는 그 날 밤 함께 동침했다.

이튿날, 기생은 다른 말과 종을 마련하여 유씨를 태워 보내면서, 딸의 혼수 비용에 쓰라고 1백 냥의 돈을 주는 것이었다. 그리고는 선비에게 말했다.

"소녀에게 시 한 구절 지어 주시어, 뒷날 알아볼 수 있는 증표로 삼게 해주소서. 소녀 오래도록 간직하고 있겠사옵니다."

이에 유씨는 기생의 비단 치마폭에 다음과 같이 적었다.

청동인 방자가 등불을 밝힌 밤은(青銅房子挑燈夜)

아름다운 미인 홍옥이 술을 권하는 때로다.(紅玉佳人勸酒時)

그리고는 아무런 연유 없이 많은 돈을 받아가기가 쑥스러워 망설였으나, 우선 급한 딸의 혼사 문제가 걸려 있는지라 어쩔 수 없이 잘 받아 간수했다.

떠나기에 앞서 선비는 작별 인사를 하면서, 아무리 생각해도 기

생이 생전 처음 보는 자신을 이렇게 환대하고 많은 돈까지 주는 까닭을 알 수가 없어 물어 보았다.

"내 한 가지 묻겠네. 기생이 남자를 취하는 경우를 보면 대체로 세 가지 기준에 따르는 것으로 알고 있네. 그 첫째는 집이 부자라서 돈이 많은 남자, 둘째는 나이 젊고 잘생긴 남자, 그리고 셋째는 지위가 높고 명성을 날리는 남자가 아니겠나. 하지만 내게는 이 세 가지 중 하나도 갖춰진 것이 없는데, 너같이 아름답고 예쁜 기생이 이 늙고 보잘 것 없는 사람에게 이리도 환대해 주는 까닭이 무엇인지 내 알 수가 없어 궁금하구나. 그 까닭을 설명해 줄 수 있겠느냐?"

이 말에 기생은 머리를 숙이고 웃으면서 대답했다.

"선비어른, 기생이 사람을 취하는 것은 반드시 정해진 규정에 따라 선택하는 것이 아니랍니다. 모두 자기 주관에 의한 것이오니, 너무 괴이하게 여기지 마시옵소서."

이렇게 작별하고 집으로 돌아온 유씨 선비는 기생이 준 돈으로 딸의 혼사를 무사히 치렀다. 그리고 2년 후에 유씨는 과거를 보아 급제를 했고, 몇몇 관직을 거쳐 전라도 감사로 특별히 발탁되어 나가게 되었다.

유씨가 전주 감영으로 부임해 가니, 마침 대여섯 명의 기생들이 나와 맞이하는데 그 속에 홍옥도 섞여 있는 것이었다. 곧 감사는 홍옥을 따로 불러 옛날이

야기를 하면서 고마움을 표시한 뒤, 또다시 이렇게 물었다.

"너는 아마도 사람을 알아보는 특수한 재능이 있는 것 같구나. 어떻게 내가 오늘날처럼 출세할 것을 미리 알았단 말이냐?"

"사또, 아니올시다. 소인이 무슨 안목이 있어서가 아니옵고, 어쩌다가 우연히 그리된 것이옵니다."

이리하여 감사는 지난날 그 어려웠던 시기에 잘 대접해 주던 생각을 하면서, 홍옥에게 많은 열정을 쏟아 교정(交情)했다.

이렇게 부임하고 한 달쯤 지난 뒤, 유 감사는 휘하의 관장들에게 통첩하여 잔치를 베풀 테니 참석해 달라고 했다.

그리하여 정한 날짜에 인근 고을 관장들이 다 모여 잔치가 한창 무르익었을 때, 감사는 특별히 알릴 일이 있다면서 경청하라고 했다. 그리고는 기생 홍옥을 불러 옆에 앉혀 놓고, 옛날에 있었던 이야기를 들려주었다.

"내 오늘 이 잔치를 열게 된 것은, 지난날 입은 은혜에 보답하기 위해서라오. 여기 옆에 앉아 있는 기생 홍옥이 바로 지난날 내게 은혜를 베풀어 준 사람이외다."

이렇게 말하면서 당시의 상황을 좀 더 자세히 설명했다. 이어서 감사는 돈 1천 냥을 꺼내 홍옥에게 상금으로 내려주는 것이었다. 이 이야기를 들은 여러 관장들은 기생 홍옥의 사람을 알아보는 감식력(鑑識力)에 감탄을 금치 못하고 경의를 표하면서, 또한

제각기 돈을 내어 홍옥에게 주었다.

이에 유 감사는 홍옥에게 물었다.

"너는 앞으로도 계속 기생으로 살고 싶으냐? 아니면 나의 부실(副室)이 되어 한평생 내 곁에 살고 싶으냐? 그 밖의 다른 소원이 있으면 말해 보려무나. 내 다 들어주겠노라."

그러자 홍옥은 차분하게 대답했다.

"소녀는 본래 기생이 되길 원하지 않았사옵니다. 그러니 더 이상 기생으로 살기는 싫사오며, 또한 소실(小室)이 되는 것도 내키지 않사옵니다. 소녀의 본 남편이 농사를 짓는 농부이오니, 허락해 주신다면 남편을 따라가서 농사를 지으며 농촌에서 일생을 마치는 것이 간절한 소원이옵나이다."

감사는 홍옥의 말을 듣고 소원대로 하라고 허락해 주었다. 그리하여 기생 홍옥은 그 남편과 함께 다른 지역으로 가서 농사를 지으며 일생 동안 안락하게 살았다.

부묵자가 기생 홍옥에 대해 이런 평을 붙여 놓았다.

"아아, 홍옥과 같은 여인은 가히 진흙과 티끌 속에서 재상의 재질을 알아본 사람이라 하겠노라. 나아가 그의 처신 또한 매우 아름답게 잘한 것이로다."

말놀이 하는 종 부부

어느 고을 농가에 부부가 함께 종으로 있었다. 이들 부부는 모두 애정 놀이를 밝히는 편이라, 밤마다 하루도 빠지지 않고 살을 맞대 잠자리를 했다.

또한 낮에도 부부가 함께 들로 일하러 나가, 사람들이 없는 한적한 곳이면 반드시 한바탕 즐겨야 일을 할 수 있었다.

어느 해 늦은 여름이었다. 주인은 산골짜기 계단식 논에 피가 많으니, 이들 종 부부를 시켜 그 피를 모두 뽑으라고 일러 놓았다. 그리고 이삼일이 지난 뒤 확인을 하자, 며칠 더 뽑아야 한다고 말하는 것이었다.

'그거 참 이상한 일이다. 아무리 피가 많기로서니, 며칠 더 뽑아야 한다는 게 믿기지 않는구나. 어디 한번 나가서 살펴봐야겠다.'

이렇게 생각한 주인은 슬며시 논으로 나가 살펴보니, 개천 근처 큰 나무 밑에 무수한 발자국이 나 있고 반들반들하게 닳아 있는지라, 여기서 무슨 일이 있었나 하고 수상하게 여겼다.

이튿날 새벽 일찍 일어난 주인은, 먼 친척집에 다녀오겠다고 한 뒤 집을 나섰다. 그리고는 곧장 논으로 가서, 그 나무 위로 올라가 잎으로 몸을 가린 채 숨어서 지켜보았다.

이에 종 부부가 한동안 논에서 피를 뽑다가 여종이 먼저 나무

밑으로 오니, 곧이어 남편도 따라 나와서는 부부가 함께 옷을 벗는 것이었다.

이 때 여종이 남편을 불러 말했다.

"여보, 우리 지금 말놀이 한번 합시다."

이에 남편도 동의하니, 여종은 나무 등치를 붙잡고 허리를 구부려 암말 같은 모습을 취하면서 발을 굴렀다.

그러자 남편은 여종 뒤에서 옥문에 입을 대고 냄새를 맡은 뒤, 말울음 소리를 내면서 고개를 들어 입술을 움직이며, 흡사 수말이 하는 짓을 그대로 따라하는 것이었다.

말이나 소를 보면 수놈이 암말 엉덩이 음부에 코를 대고 냄새를 맡은 뒤, 머리를 치켜들고 공중으로 향한 채 입술을 실룩거리는 모습을 볼 수 있다. 보통 그러고 나서 수말이 교미를 하려고 암말 위에 올라타는 것이다.

그렇게 남편이 말 흉내를 내면서 입을 들어 하늘로 향하는 순간, 나뭇가지에 앉아 있는 주인을 보고는 크게 놀랐다.

이에 종이 당황해 하면서 황급히 몸을 날려 달아나니, 엎드려 있던 여종은 무슨 까닭인지 몰라 발을 구르며 소리쳐 남편을 불렀다.

"애용, 여보! 하다 말고 어디로 달아나는 겁니까?"

그러자 남편은 뛰어가다 말고 돌아보면서 외쳤다.

"애용, 여보! 나무 위를 보구려! 거기 누가 있는지 보구려!"

이에 나무 위를 쳐다본 여종 또한 놀라서 멀리 달아났다.

여기서 이 '애용'이란, 말들이 애정 놀이를 할 때 내는 소리를 흉내 낸 것이라고 한다.

강남가려면

딸의 어미인 노파는 애지중지 키운 딸이 무슨 일이나 생기지 않을까 염려되어 밖에서 가만히 듣고 있었다.

흥

흥

이제껏 느껴보지 못한 신비적 정감에 사로잡힌 딸은 신랑의 귀에 대고 속삭이는데

서방님! 이 감동을 그대로 멀리 강남까지 갔음 좋겠네요~ 흥.

이에 신랑이 대꾸하길

… 강남까지 가려면 … 배가 고파 어쩌지요?

이때 딸은 무심코 평소 습관대로 말을 했는데

서방님! 그건 걱정 안 하셔도 돼요 우리 엄마한테 광주리에 밥을 담아 이고 오라고 하면 되니까요.

아침이 되어 노파가 아침밥을 먹게 되었다

억억

딸이 이를 보더니

엄니, 오늘따라 웬 밥을 그렇게 많이 드시는 거요?

노파가 먹던 밥을 잠시 멈추더니

애야! 밥 광주리를 이고 강남까지 가려면 밥을 먹어 둬야지 쫓아 갈 거 아니냐!

억억

신부인 딸은 전날 밤에 있었던 일에 부끄러워하며 아무런 말도 없었더란다

엄니

줄무지 상여

초로의 선비가 40년 전 떠나온 고향을 어릴 적 서당친구들을 만나러 눈발 속에 천릿길을 걸어왔다. 고향이 가까워오자 새록새록 즐거웠던 기억들이 떠올랐다. 마침내 까치고개에 올라 고갯마루 회나무 아래 앉아 고향산천을 내려다보며 곰방대에 담배를 말아 넣고 있을 때였다. 멀리서 곡소리가 나더니 산허리를 돌아 상여가 올라오고 있었다.

"북망산천 이제 가면 위-이 위-이, 어느 날짜 다시 올까 위-이 위-이."

적막강산을 쩌렁쩌렁 울리며 상두꾼 앞장에서 상복을 입은 향도군이 낭랑한 목소리로 곡을 읊었다. 상여가 가까워지자 이게 보통 상여가 아니란 게 드러났다. 상여 뒤에 상주도 따르지 않았다. 줄무지 상여인 것이다. 기생이 죽으면 줄무지 상여에 실려 묻힐 곳으로 간다. 대개 기생이란 일가친척이 없거나 있더라도 연락두절이라 장례를 치러주는 사람들은 기생집에 드나들며 기생 치마끈 깨나 풀어본 한량들이다. 그들은 줄무지 상여를 회나무에서 멀지 않은 고갯마루 길가에 내려놓고 모닥불을 피웠다.

기생의 무덤은 생전에 이 사람 저 사람과 연분을 맺었으니 죽어서도 이 사람 저 사람 쉬어가는 사람을 맞으라고 고갯마루에 쓰는 것이 상례다. 이마의 땀을 훔친 상두꾼들이 막걸리 잔을 돌리다 말고 향도군이 막걸리 한 사발과 대구포 한 조각을 들고 회나무 아래서 담배를 피우고 있는 초로의 낯선 선비에게 왔다.

"어르신, 약주 한 사발 드시지요." 목마르던 차에 벌컥벌컥 단숨에 막걸리를 비운 나그네 선비가 "젊은이, 잘 마셨네. 뭐 좀 물어보세. 이 고개 아래 장곡마을에 아직도 박초시가 살고 있는가?" 상복을 입은 향도군은 눈을 크게 뜨고 "저희 아버님이십니다. 어르신께서는…?" "자네 아버지 서당친구라네."

'팔척장신에 이목구비가 수려한 헌헌장부, 친구 아들이 줄무지 상여의 향도군이라…'

나그네는 쩝쩝 입맛을 다시며 집까지 모시겠다는 친구아들의 청을 뿌리치고 고개를 내려갔다. 어릴 적 뛰어놀던 골목길이 그대로 눈에 들어와 똑바로 박초시 집으로 들어갔다.
신발도 안신은 채 마당으로 뛰어내려와 두 손을 움켜잡은 불알친구와 사랑방에 앉아 술상을 마주한 채 애기꽃을 피웠다. 술이 얼큰히 올랐을 때 "까치고갯마

루에 앉아 쉬다가 줄무지 상여를 만났네."

박초시는 고개를 끄덕이며 "저잣거리 상춘관 기생 추월이 요절했다는 소문이 들리더구먼." 박초시 말이 떨어지기 무섭게 친구가 역정을 냈다.

"다른 사람은 두건만 썼는데 자네 아들은 굴건제복에 향도군이 되어 앞장선 걸 봐서 호상까지 했으니 자네 체면이 뭐가 되겠나!'

불같이 화를 낼 줄 알았던 박초시는 껄껄 웃으며 "그럼 그렇지. 자네도 알다시피 줄무지 상여는 기생아이 떼어먹은 차례대로 상여를 메는 법! 내 아들놈이 뒷줄에라도 섰다면 못난 놈이라 호통을 치겠지만! 그리고 대감댁 강아지가 죽으면 문상을 가도 대감이 죽으면 문상도 안 가는 이 각박한 세상에 보잘것없는 기생의 저승길을 보살펴준다는 건 의리있는 사나이가 아닌가."

박초시 친구는 말문이 막혔다. 그런 박초시 아들이 다음해 장원급제를 했다.

종에게 속아 넘어간 선비

한 곳에 순진한 선비가 있어, 영특한 사람에게 잘 속았다. 이 선비에게는 잘생기고 참한 첩이 하나 있었는데, 하루는 그녀가 이렇게 말하는 것이었다.

"서방님, 오랫동안 친정에 가지 못해 부모님을 뵙고 싶습니다. 한번 다녀올 수 있게 허락해 주옵소서."

이에 선비는 허락하고 싶었으나, 첩의 집이 워낙 먼데다가 그 얼굴이 너무 예쁘니, 중간에 남자와 접하는 일이 있을까 하여 선뜻 내키지 않았다. 그리하여,

'아무 일 없이 잘 다녀오게 할 수 있는 묘한 방법이 없을까?'

하고 며칠 동안 깊이 고심한 끝에, 마침내 한 가지 묘안을 떠올리고 매우 기뻐했다.

'옳거니! 남녀 음사(陰事)에 대해 전혀 모르는 종을 가려, 모시고 다녀오게 하면 안심할 수 있을 것이다!'

이렇게 생각한 선비는 첩에게 언제 어느 날 다녀오라고 생색을 내면서 허락했다.

한편, 선비는 집에서 일하는 종들을 모두 불러 앉혀놓고, 지금부터 한 가지 질문을 할 테니 아는 사람은 대답해 보라고 하면서,

"너희들은 여자의 옥문이라는 게 어디 있는지 아느냐?"

라고 물으니 모두들 킥킥거리며 얼굴을 돌리고 웃을 뿐, 아무도 나서서 대답하려 들지 않았다.

그 때 겉으로 보기에는 바보스럽지만, 속은 영특한 종 하나가 나서서 소리쳤다.

"주인어른! 그것은 두 눈썹 사이에 있는 것이지요?"

이에 선비는 매우 기뻐하면서 다른 종들은 모두 물린 뒤, 그 종만 따로 불러 단단히 일렀다.

"너는 아씨를 말에 태워 모시고 친정에 좀 다녀와야겠다. 각별히 조심하여 아무 탈 없이 다녀와야 하느니라."

이튿날 종은 말고삐를 잡고 첩을 호위해 길을 나섰다. 그리하여 집에서 멀지 않은 한 냇가에 이르니, 맑은 물이 흐르고 주변 경관이 매우 아름다웠다. 이에 첩은 종에게 일렀다.

"애야, 냇가의 경치가 너무 아름다우니 여기서 잠시 말에게 물도 먹이고 쉬어가는 게 좋겠구나. 날 좀 내려다오."

이에 종은 그녀를 말에서 내려 주고, 안장을 풀어 말을 쉬게 했다. 그리고 자신은 옷을 모두 벗은 채, 모르는 척 물속에 들어가 멱을 감는 것이었다.

강가에 앉아 그 모습을 보고 있던 첩은 장대하게 뻗은 그의 양물(陽物)을 보니 욕정이 치솟아, 어느덧 아랫도리가 축축해지기 시작했다.

그러자 종을 보고 농담을 하는 척하며 물었다.

"얘, 네 허벅지 사이로 툭 튀어나온 그 살덩이는 무엇이냐?"

"예, 마님. 소인은 태어날 때부터 이 혹이 있어 점점 튀어나오며 커지더니, 지금은 이렇게 뻣뻣해졌사옵니다."

"그래? 그것 참 신기하구나. 나는 어릴 때부터 사타구니 사이가 오목하게 들어가더니 점점 깊은 굴이 생겨, 지금은 아주 움푹 파였단다. 네 그 뾰족한 살덩이 혹을 내 깊이 파인 굴속에 넣어 보면 어떨지 모르겠구나. 어디 한번 그렇게 맞춰 보지 않겠느냐?"

이리하여 남녀는 냇가 으슥한 숲속으로 들어가, 몸을 합쳐 방사를 즐겼다.

한편 이 때, 선비는 어리석은 종에게 첩을 호송시켜 놓고도 마음이 놓이지 않아, 집 뒤편 동산에 올라 저 멀리 첩이 가는 모습을 지켜보고 있었는데, 그 둘이 함께 숲속으로 들어가더니 한참이 지났는데도 나오지 않는 것이었다.

곧 선비는 있는 힘을 다해 냇가로 달려와서는,

"너희들 거기서 무얼 하느냐? 뭘 하고 있느냔 말이다?"

라고 소리치며 씩씩거리고 다가가니, 바야흐로 한창 질펀하게 정감이 고조되었던 첩과 종은 당황하지 않을 수 없었다.

이에 종은 얼른 옷을 걸쳐 입고, 주머니에서 실이 꿰어진 바늘을 꺼내 첩의 몸을 안고 더듬는 시늉을

했다.

　그 때 선비가 노기 띤 얼굴로 내려다보면서 소리쳤다.

"아니, 이놈아! 지금 그게 뭐 하는 짓이냐?"

그러자 종은 흐느껴 울면서 아뢰었다.

"어르신, 말이 냇물을 건너다 그만 돌멩이를 헛디뎌 옆으로 휘청거리는 바람에, 마님께서 물속으로 떨어져 기절을 하셨사옵니다. 그래서 소인이 몸에 무슨 상처가 없나 하여 옷을 벗기고 온몸을 살펴봤으나 달리 상처 난 데는 없고, 다만 배꼽 아래로 한 치쯤 매우 깊게 찢어진 곳이 있었습니다요. 그래서 풍독(風毒)이 들까 두려워 기우려고 지금 바늘과 실을 준비하고 있사온데, 마님께서 마침 깨어나셨습니다."

이에 선비는 길게 한숨을 쉬면서 말했다.

"정말이지 너야말로 어리석은 사람이로다. 진정 여자 몸에 대해 아무 것도 모르는 백치로구나. 이놈아! 그 굴은 상처를 입어 찢어진 게 아니라 본래부터 나 있는 굴이니, 이제 걱정할 거 없다. 그만 일어나 떠나도록 해라."

이러면서 선비는 안심을 하고 큰기침을 하며 돌아갔다.

자리 바뀐 양근과 코끝

한 시골 마을에 나쁜 행동을 일삼는 소년이 있었다.

하루는 희미한 달빛이 비치는 밤이었는데, 이 소년이 마을 어느 집의 닭을 훔치려고 옷을 모두 벗은 채 알몸으로 집을 나섰다.

그리하여 한 집에 들어가 처마를 쳐다보니 닭 둥지가 걸려 있기에, 그 밑에 돋움을 놓고 올라서서 둥지를 풀어 내리고 있었다.

한데 이 둥지는 방 창문 위에 걸려 있어, 잠이 오지 않아 뒤척이던 주인이 언뜻 창문을 바라보다가 어스름 달빛에 비치는 사람의 그림자를 본 것이었다.

아니, 저런! '저건 필시 도적놈이다. 닭 둥지를 떼어 가려고 그러는 게 틀림없구나. 창문으로 나갈 순 없으니, 뭔가를 던져서 쫓아 버려야겠다.'

이렇게 생각한 주인은 윗목에 놓인 놋쇠 쟁반을 집어 들고, 급히 창문을 열어 밖에 서 있는 사람을 향해 냅다 던졌다.

한데 이 소년은 창문에서 멀찍이 떨어져 있었으니, 놋쇠 쟁반은 소년의 코끝을 스치고 내려가 양근 끝에 충격을 가한 뒤 바닥으로 떨어졌다.

이 때 소년은 몹시 아팠지만 찍소리도 못 내고 땅에 주저앉아 몸을 더듬어 보니, 피가 흐르는데 코끝과 양근 끝이 부드러운지라 조금씩 잘려 나간 것이

었다.

이에 땅바닥을 더듬거려 떨어진 두 조각을 집어서는, 코와 양근 끝에 얼른 붙이고 집으로 돌아왔다.

그리고는 양쪽 부위를 헝겊으로 싸맨 채 여러 날 집안에서 요양하니, 차츰 아물어 통증이 가셨다.

그리하여 싸맸던 헝겊을 풀고 양근을 살펴보니, 뜻밖에도 뾰족한 코끝이 거기로 와서 붙어 있었다.

깜짝 놀란 소년이 다시 거울로 코끝을 비춰 보자, 엉뚱하게 양근 끝이 거기에 붙어 있는 것이었다.

캄캄한 밤에 급히 주워 붙이다 보니 이렇게 뒤바뀌어 버린 것인데, 이제는 여러 날이 지나 거의 아물어 버렸으니, 그야말로 다시 바꾸어 붙일 수도 없는 노릇이었다.

한데 이런 상태로 살아가자니 여간 불편한 게 아니었다. 향기롭거나 고약한 냄새가 나는 곳에서는 양근 끝이 크게 발동을 하고, 예쁜 여인을 만나거나 옥문 생각을 할라치면, 코끝이 또한 크게 끄덕거리고 흔들렸기 때문이었다.

따뜻한 봄날

따뜻한 봄날 자매가 산나물을 캐
러 나갔다.

양지바른 산비탈에 앉아 꽃을 보
고 있노라니…

자매는 절로 춘정이 동하면
서 아랫도리가 성글해지더
라…

언니가 광주리 테를 어루만지
더니 입을 열었다.

이 광주리에 딱
딱하게 일어선
양 근이나 하나
가득 차주었음
좋겠다.

이에 아우는 언니를 쳐다보더니

난 힘 빠진 물렁
한 양 근이 우리
두 광주리에 가득
찼음 좋겠네.

언니가 이 말을 듣고 하는 말

아이고, 이것이 힘 빠진 축
은 양 근을 어디 내 쓰려고?

참… 내… 언니도 힘 빠져 축 늘어진 양 근이
여기 두 광주리에 가득 차 있어봐 그것이 커져
서 힘이 생겨 발동을 하게 됨 얼마나 많아지겠
어? 언닌 것도 몰라?

아우의 말에 언니는 자신도 모르게 큰 웃음이
터져 나왔다.

까르르르르

오호호호…

나쁜 짐승

첩첩산중 조그만 암자에서 홀로 수행하는 노스님이 탁발을 하고 돌아가다가 길섶 바위 아래 강보에 쌓인 어린 아기를 발견하여 안고 암자로 돌아왔다. 노스님은 어린 사내아이에게 사슴 젖을 먹이며 정성껏 키웠다. 아이는 무럭무럭 자라 아주 영특함이 번쩍이기 시작했다.

노스님은 아이에게 도원이라 이름 지어주고 수행제자로 삼아 큰스님으로 만들기로 작정을 했다. 다섯 살도 안 된 도원은 글을 깨우치더니 불경을 파고들어 노스님이 하나를 가르치면 둘을 깨우쳤다. 공부 틈틈이 도원은 숲 속에서 산짐승들과 놀았다. 이 암자는 동네에서 30리나 떨어진 심산유곡이라 동자승 도원은 사람이라고는 노스님밖에 몰랐다.

열서너 살이 된 도원의 공부는 노스님을 뛰어넘어 노스님을 흐뭇하게 했다. 어느 초여름, 나무를 하러 지게를 지고 도끼를 들고 개울 따라 내려가던 도원은 눈이 휘둥그레졌다. 생전 처음 보는 짐승 셋을 만난 것이다.

몸은 중하고 비슷한데 머리엔 검은 털이 길게 났고 가슴엔 봉오

리 두개가 봉긋 솟았고 사타구니엔 검은 털이 났지만 고추와 불알이 없었다. 이상한 짐승 셋이 개울에서 멱을 감다가 도원을 보자 으악-소리를 지르더니 돌멩이를 던지기 시작했다.

돌멩이에 맞아 머리에 난 혹을 달고 암자로 도망쳐온 도원이 노스님에게 고해바쳤다. "생전 처음 보는 사나운 짐승 셋을 만났습니다."

짐승 생김새를 설명하자 "이럴 수가!" 스님은 탄식을 하며 태연한 척 "그만한 게 다행이다. 살아서 돌아왔으니."

노스님은 도원이 도를 닦는 데 여자는 큰 장애물이라 판단하여 그를 겁주기 시작했다. "그 짐승들이 얼마나 무서운지 너는 모르는구나. 중을 하도 많이 잡아먹어서 중을 닮은 게야." 도원은 눈을 동그랗게 뜨고 목숨을 부지하게 된 것이 부처님 덕이라 여기며 안도의 한숨을 쉬었다.

그러나 그날부터 도원은 공부를 제대로 할 수가 없었다. 책을 펴도 글은 보이지 않고 그 무섭다는 짐승(?)들만 눈앞에 아른거리고 밤에 잠을 자도 꿈속에 그 짐승들만 나타났다. 공부도 일도 모든 걸 손 놓은 채

시름에 빠진 도원을 불러 노스님은 하안거
를 명했다. 가부좌를 틀고 면벽해 독경을 해
보지만 머릿속엔 그 짐승들만 아른거렸다.

보름을 면벽하고 난 도원은 울면서 노스님에게 "제게 악귀가
씌었나 봅니다. 아무리 독경을 해도 제 머릿속엔 그 짐승들만 보
입니다. 스님!" 그날부터 노스님은 도원의 머리를 밀지 않았다.

머리가 어느 정도 자라자 도원에게 속인들의 옷을 입혀 속세로
내보냈다. 춘하추동이 돌고 돌아 십년이 흘렀다.

눈이 쏟아지는 어느 날 밤, 세파에 시달린 젊은이가 암자를 찾
아왔다. 암자 처마 밑에 서서 만감에 젖어 있는 젊은이를 향해 방
안에서 나지막한 소리가 흘러나왔다.

"도원이 왔느냐?"
"네."
뼈만 앙상하게 남은 노스님이 도원의 머리를 밀었다.

며칠 후, 노스님은 입적하고 암자 마당에서 도원이 혼자서 조촐
하게 다비식을 올렸다. 연기가 하늘 높이 올랐다.

원통해 벽만 치다

옛날 어느 해 모내기철인데도 날이 몹시 가물어 모내기를 할 수 없게 되니, 임금이 기우제를 지내기로 결정했다.

이렇게 기우제가 선포되면 각 부서에는 제숙처를 설치하고, 실무자들은 그곳에서 몸을 깨끗이 하여 정성을 드려야 했다.

일정 기간 동안 각 부서에서 그렇게 정성을 올린 다음, 모든 부서의 정성이 모아졌다는 결론에 이르면 기우제를 지내게 되어 있었다.

이에 임금이 모두 정성을 잘 드리고 있는지 확인하기 위해, 무감(武監)을 불러 각 부서를 순시하며 그 상황을 보고하라고 지시했다.

이 때 무감이 잘못하고 있는 낭관을 적발해 보고하면, 그는 엄벌에 처해지게 되어 있었다.

마침 무감이 선혜청(宣惠廳)의 재숙처에 갔을 때, 낭관이 웃옷과 버선을 벗고 친구들과 어울려 술과 고기로 즐기고 있었다. 이에 무감이 낭관에게 따졌다.

"재숙 규칙에 이렇게 하도록 되어 있습니까?"

"이봐요, 그렇다면 당신은 나를 적발하여 상부에 보고할 생각입니까?"

"그렇지요, 내 임무가 그러하니 당연히 보고할 것

입니다."

"그래요? 그렇다면 당신이 내 잘못을 보고했을 때 무슨 이익이 돌아옵니까? 내 마땅히 기우제가 끝나는 대로 쌀 30섬을 주겠소. 그러니 아무 일 없는 것으로 보고해 주시오."

이에 무감은 쌀 30섬이라는 말에 마음이 쏠렸다. 당시는 날이 가물어 쌀값이 치솟고 있을 때였다. 그래서 무감은 모두 재계를 잘하고 있다고 보고하여 기우제가 무사히 끝났다.

그러고 나서 어느 날, 무감이 선혜청 낭관의 집을 방문하게 되었다. 앞서 그가 쌀 30섬을 주겠다고 약속하여 그 쌀을 받기 위해 간 것인데, 낭관은 무감을 보자 전혀 모르는 사람 대하듯 퉁명스럽게 묻는 것이었다.

"당신은 누군데, 우리 집에 무슨 볼일이 있어 왔습니까?"

"아, 일전에 만났던 적간 무감입니다."

"무감이라면 지금 우리 집에 무슨 일로 왔는지요?"

"전날 쌀 30섬을 하사하겠다고 약속하셨기에 온 것입니다."

"이보시오, 내가 무감에게 왜 쌀을 30섬이나 준단 말입니까?"

"아, 그러니까 선혜청 재숙 때 잘못을 보고하지 않고 덮어 주면 쌀을 주신다 하지 않았습니까?"

"무슨 그런 말이 다 있습니까? 그때 내게 잘못이 있었으면 비행을 그대로 보고하면 되고, 없었으면 없다고 보고하면 되었을 일이지, 지금 우리 집에 와서 무슨 까닭으로 쌀을 찾는 거요? 그것

참 괴이한 사람 다 보겠네."

이에 무감은 더 이상 아무 말도 못하고 돌아왔다. 한데 그 날 밤 숙직을 하면서 생각하자 도무지 울화가 치밀고 원통해 견딜 수가 없어, 주먹으로 계속 벽을 쳐댔다.

그러자 얇은 흙벽이라 크게 울리면서 소리가 났는데, 때마침 임금이 미복으로 거리를 돌아다니며 민정을 살피다가 그 근방을 지나가게 되었다.

이에 크게 놀란 임금이 그 까닭을 물으니, 무감은 끝내 숨길 수가 없어 사실을 고했다.

이튿날 임금은 선혜청 창고에서 쌀 30섬을 그 무감에게 내주고, 낭관 앞으로 달아 놓아 갚도록 명령했다.

이어서 낭관은 재숙을 잘하지 않은 죄를 물어 파면시키고, 또 무감에게는 임금을 속인 죄를 물어 형조의 법에 따라 벌을 내리라고 명령했다.

문어

허서방 선친이 운명한 지 일주기가 되어 소상 준비로 집안이 떠들썩하다. 뒤뜰에서는 멍석을 깔아놓고 허서방 숙부가 해물을 다듬는데 허서방의 새신부가 꼬치를 가지고 왔다가 발이 붙어버렸다.

"아따 그 문어 싱싱하네. 우리 형님 문어를 억수로 좋아하셨지."

시숙이 손질하는 문어를 내려다보며 새신부는 침을 흘렸다. 밤은 삼경인데 일을 마치고 안방으로 들어온 새신부는 몸은 피곤한데 잠은 오지 않는다.

조금 있다가 허서방이 들어와 쪼그리고 앉아 한숨만 쉬는 새신부를 보고 "여보, 눈 좀 붙여야 내일 손님 치르지. 왜 한숨만 쉬고 있어?" 날이 새면 시아버지 소상날인데 종부인 새며느리가 서방한테 코맹맹이 소리로 한다는 말이 "문어가 먹고 싶어 잠이 안 옵니다." "문어가?"

한참 생각하던 허서방이 "그게 그렇게 먹고 싶어?" "예, 눈을

감아도 문어만 보이니"

맏상제인 허서방은 몰래 광으로 들어가 선친의 소상 제사상에 올릴 문어 다리 하나를 잘라 안방으로 들고 왔다.

새신부는 눈을 크게 뜨고 입은 함지박 만하게 벌어졌다.
문어를 썰어 양념간장에 찍어 허서방이 새신부의 입에 넣어주자 새신부는 청주를 따라 허서방에게 올렸다. 날이 새면 소상인데 맏상주와 종부가 제상에 올릴 제수를 먹고 마시며 희롱까지 하기 시작했다.

청주를 몇 잔 마신 허서방이 게슴츠레한 눈으로 며칠이나 안아보지 못한 새신부를 바라보며 "상복을 입으니 더 예쁘네." 슬며시 허리를 잡아당겼다. 불덩어리가 된 맏상주와 종부는 상복을 다 벗지도 않은 채 엉겨 붙었다.

소상날로부터 열 달이지나 허서방 새신부는 달 같은 딸을 낳았다.

예쁜 딸은 무럭무럭 자랐다. 16년의 세월이 흘러 꽃피고 새 우는 봄날 허서방 집 마당에서는 혼례식

이 웃음꽃 속에 치러졌다.

허서방이 헌헌장부 사위를 맞아 입이 찢어졌다. 그날 밤, 신방을 차린 사랑방의 불이 꺼졌다. 얼마 후 신방에 불이 켜지고 신랑이 문을 박차고 뛰어나와 행랑방에서 자고 있던 신랑집 하인을 깨워 당나귀를 타고 날이 밝지도 않은 어둠 속으로 사라지고 말았다.

신방에서는 신부의 흐느낌 소리가 허서방네 사람들의 소란 속에 묻혀버렸다.

이튿날부터 동네 우물가에서는 이런 소문이 돌았다. "허서방 딸의 젖꼭지가 문어 흡반을 빼다 꽂았다네."

아롱아롱

삼씨를 담은 둥구미(짚으로 만든 울이 높은 그릇)를 지고 가는 사내가 멀리서 농사를 짓는 두 부부를 보게 되었다.

옳지! 저 남자의 아내를 한 번…

사내는 갑자기

예끼! 여보쇼. 아무리 하고 싶어도 벌건 대낮에 그게 뭐요?

남자는 괭이를 집어던지고 사내에게로 달려왔다.

힘들게 농사짓는데 그 무슨 망발이오?

그게… 난 그저… 분명히 그 모습을 봤소.

내가 지금 삼씨를 담은 둥구미를 짊어지고 그렇게 보였나보우 분명히 두 사람이 일을 치르는 것을 보았소? 아~ 삼씨를 먹어도 눈이 혼미해진다고 하지 않았소?

삼씨 먹어 본 친구들이 그렇다고 하던데.

이 삼 둥구미를 짊어지고 있어보소. 내가 당신 부인과 함께 있어 볼 테니 그렇게 보이나 잘 보슈.

설마…

그러고는 사내는 부인이 있는 밭으로 뛰어갔다.

밭으로 간 사내는 능숙한 솜씨로 여인을 꼬시는가 했더니 이내 그 일을 치르는 게 아닌가?

어멍!

삼씨 먹으면 아롱 아롱 한다더니, 지, 진짜 인가봐.

다시 돌아온 사내가 농부에게 다가오더니

어떻소? 내 말이 맞죠?

것 참 고약한 게… 진짜구먼…

사내는 유유히 길을 재촉하며 먼 길을 떠나더라~

기생집의 가마솥

양주 고을에 염씨(廉氏) 성을 가진 사람이 있었다. 이 집은 원래 가난하여 집안에는 값나가는 물건이라고는 아무 것도 없었다. 이에 하루 세 끼 밥을 먹기도 쉽지 않아, 더러는 굶을 때도 있었다.

사정이 이러다 보니 그 아내의 고생이 이만저만이 아니라, 하루는 아내가 남편 앞에 앉아 이렇게 말했다.

"여보, 우리 집이 이렇게 가난한데 무슨 방도를 찾아보지 않고 이대로 가만히 있어서야 되겠습니까?"

평소 말이 없던 아내가 이렇게 말하니, 염씨는 한동안 천장만 쳐다보고 있다가 무겁게 입을 열었다.

"내 가정을 제대로 이끌지 못해 이 어려운 지경에 이르렀으니, 당신 볼 낯이 없구려. 그런데 여보! 우리 부부가 10년만 떨어져 있으면서, 나로 하여금 집안일을 잊게 해준다면 내 좋은 수를 강구해 볼 수 있지만, 당신과 자식들 생각에 차마 결단을 내리지 못하고 세월만 보내고 있다오."

이에 아내는 남편 앞으로 다가앉으면서 이렇게 말했다.

"여보! 우리 가정이 넉넉해질 수만 있다면 10년 정도 이별하는 것이 뭐 그리 어렵겠습니까? 걱정 마시고 결행해 보소서."

그러자 염씨는 그 이튿날 바로 처자와 이별하고 집을 나섰다.

그리고는 서울의 여러 곳을 둘러보고, 또 지방에 내려가 여러 지역의 사정을 살피면서 이렇게 생각했다.

'개성이 장사꾼의 고장으로 알려져 있으니 한번 가봐야겠다.'

염씨는 장사에 뜻을 두고 개성으로 들어갔다. 그리하여 이리저리 돌아다니며 살피던 끝에, 어느 커다란 상점으로 들어가서 주인과 인사를 나눈 뒤, 일을 거들면서 장사하는 방법을 배우고자 한다는 의사를 밝혔다.

그러자 주인 박씨는 그러라고 하면서 쾌히 승낙하는 것이었다. 이 날부터 염씨는 상점의 온갖 허드렛일을 마다하지 않고 열심히 하면서 장사하는 비법을 배웠다. 이에 주인이 염씨를 관찰한 결과, 천성이 성실하고 글공부를 하여 문장에도 능통하니 크게 신임하기에 이르렀다.

그 뒤로 주인 박씨는 상점의 모든 일을 염씨에게 맡기고, 자신은 새로운 물자를 취급하는 상인들 단속에 전념하니, 얼마 지나지 않아 상점의 수입이 몇 배로 오르는 것이었다. 이에 주인은 염씨를 앉혀 놓고 이렇게 말했다.

"이 사람아! 왜 내가 진작 자네를 만나지 못했는지 모르겠네."

그리고는 염씨를 더욱 신임하고 가족처럼 친근하게 대했다. 이러는 동안 몇 년의 세월이 흐르니, 하루는 주인 박씨가 술상을 차려 놓고 술을 권하며 말했다.

"이보게 염씨! 자네 때문에 우리 상점이 큰 부자가 되었네. 그리고 자네도 이제 내게서 장사하는

방법은 다 배운 것 같으니, 세상에 나가서 사람들이 어찌 사는지 살펴 그 방법을 배워야 할 때가 된 것 같구먼. 내지금 돈 1천 냥을 줄 테니 이것을 가지고 나가서, 자네 마음 내키는 대로 떠돌면서 내게 배운 것을 어디 한번 시험해 보게나."

그러자 염씨는 사양하지 않고 대답했다.

"좋습니다. 제대로 할지는 모르겠지만, 배운 것을 한번 시험해 보도록 하겠습니다. 올바른 길을 간다면 어찌 즐거움이 따르지 않겠습니까?"

하고는 그 돈을 받아 정처 없는 여행길에 올랐다.

1천 냥의 돈을 가지고 상점을 나선 염씨는 곧장 평양으로 가서, 한 집에 주거를 정했다. 그리고 이튿날 주인에게 물었다.

"이 곳 평양은 우리나라의 서경(西京)으로, 강산이 아름답고 풍경이 뛰어나 곳곳에 신령한 기운이 서려 있는 지역입니다. 따라서 반드시 이름난 기생도 있을 테니 일러 주십시오."

"아, 명기라면 곧 평양이지요. 여기 춘색(春色)이란 기생이 있는데, 우리 평양에선 가장 널리 알려진 이름이지요."

염씨는 주인이 가르쳐 준 길을 따라 기생 춘색의 집을 찾아갔다. 그리하여 기생과 밤낮으로 붙어 놀면서 돈을 물 쓰듯 써대니, 춘색은 온갖 아양을 떨어가며 염씨를 받들어 섬겼다.

돈 1천 냥이란 벌려고 하면 매우 힘이 들지만, 쓰자고 작정하면 특히 기생집에서라면 바닥이 나는 데 그리 오래 걸리지 않는 것이었다. 어느새 1천 냥의 돈을 모두 탕진한 염씨는 기생과 작별

하고, 다시 개성으로 돌아와 주인 박씨를 만나서 말했다.

"내 색향(色鄕)이란 평양에 가서, 남아의 호탕한 마음을 풀고자 기생 하나를 만나 노는 동안 어느새 1천 냥의 돈이 모두 바닥나고 말았으니, 실로 주인에게 부끄러울 따름이외다."

이에 주인 박씨는 아무렇지도 않다는 듯 웃으며,

"아, 그런 것이 실로 대장부의 할 일인데 왜 부끄러운 일이라고 하는가? 내 지금 또 1천 냥을 주겠으니, 가지고 가서 다시 시험해 보도록 하게."

라고 하면서 다시 1천 냥을 내주고 속히 떠나라는 것이었다.

그 돈을 받은 염씨는 상점을 나서자마자 또다시 평양으로 향했다. 그리고 다시 춘색의 집을 찾아가니, 그녀는 반가워하면서 많은 돈을 보고 너무 좋아하는 것이었다.

염씨는 이제 춘색과 정이 들어 밤낮으로 껴안고 전보다 더 진한 향락을 누리니, 돈이 바닥나는 속도는 지난날보다 더 빨랐다.

이에 염씨는 다시 돈이 떨어지자 춘색의 집을 나서니, 그녀는 돈이 없어도 좋다며 계속 머물러 있으라고 붙잡는 것이었다. 그러나 염씨는 그럴 수 없다고 뿌리치고는 개성으로 돌아왔다.

그리고 상점 주인을 만난 염씨는 그 돈을 다시 기생집에서 모두 탕진했다고 밝히면서, 이제부터는 열심히 상점 일을 보겠다고 했다. 그러나 주인은 손을 내저으면서 말했다.

"매사는 삼세번이란 속담도 있지 않은가? 포기하지 말고 다시 시도해야 하네. 자, 여기 1천 냥이 있으니 다시 가지고 가서 무슨 일이든 시험해 보도록 하게."

이러면서 다시 돈 1천 냥을 내주는 것이었다. 이에 염씨는 그 돈을 받아들고, 뒤도 돌아보지 않은 채 곧장 평양으로 가서 기생 춘색을 찾아갔다. 또다시 돈을 가지고 온 염씨를 보자, 춘색은 좋아서 어쩔 줄 몰라 했다.

그리하여 지난날처럼 춘색과 함께 즐거운 시간을 보내면서 돈을 쓰니, 얼마 후 또다시 1천 냥은 바닥이 나버렸다.

그러자 염씨는 하루도 더 있지 않고 작별을 고하니, 기생은 염씨의 손을 잡고 말했다.

"거금 3천 냥을 모두 내게 주셨으니, 아무리 바다와 같은 대장부의 마음이라도 어찌 그 속에 회한이 남지 않겠습니까?"

"그게 무슨 소리요? 내가 좋아서 즐겼는데 무슨 회한이 남는단 말이오?"

"그래도 그렇지요. 우리 집에 있는 물건들이 3천 냥은 고사하고 1천 냥에 해당하는 물건도 없습니다만, 그저 어떤 것이든 제 애정의 증표라 생각하시고 한 가지를 가져가시지요."

"그것 참 고마운 말이오. 그렇게 호의를 베푸니 내 어찌 거절하겠소. 그럼 저기 있는 저 가마솥이나 내게 주시오."

염씨가 다른 값진 물건이 아닌 낡은 가마솥을 가져가겠다는 말에, 기생은 배를 두드리며 한참 동안 웃었다.

"낭군님께서는 물건을 고르시는 취향도 진실로 기이합니다. 우리 집에 값진 물건들도 많은데, 그런 것은 다 놔두고 못 쓰게 된 가마솥을 고르시다니, 진정 개성 사람들이 박물(博物)을 좋아한다는 말이 맞는 것 같습니다. 정 그것을 원하신다면 어찌 제가 막겠습니까? 가져가도록 하십시오."

곧 염씨는 가마솥을 말에 싣고 기생집을 떠났다. 그리고 개성으로 돌아와 상점 주인을 만나니, 박씨는 반갑게 맞으며 물었다.

"이번에는 진정 무슨 물건을 사가지고 왔는가?"

"예전과 다름없이 돈을 허비했으니, 어찌 좋은 물건을 사가지고 왔다고 하겠습니까? 그저 이것밖에 가져온 것이 없답니다."

그리고 염씨는 주인 박씨에게 미안해하면서 가마솥을 내려놓았다. 이에 박씨가 그 가마솥을 살펴보더니 크게 놀라면서 칭찬했다.

"오, 기이한 사람이로다. 이런 물건을 알아보고 사오다니! 역시 재능이 뛰어나다고 했더니 그 능력을 발휘하는구먼. 이제야 자네의 박물에 대한 식견에 감복하지 않을 수 없겠네."

이처럼 크게 감탄한 주인 박씨는 가마솥을 거듭 만지면서, 다음과 같은 내력을 설명하는 것이었다.

"이것은 왜국의 '오금부(烏金釜: 검은 색 금으로 된 가마)'라는 것인데, 임진왜란 때 왜군 장수가 가지고 왔다가 평양에서 분실했다고 들었네. 내 어릴 적부터 이 얘기를 전해 듣고 이것을 얻어 보려 무척

애를 썼지만 백발이 다 되도록 구하지 못
했거늘, 지금 자네가 이것을 알아보고 가
져왔으니 어찌 기이하지 않겠는가. 정말
신기한 일이로구면."

주인 박씨는 이렇게 설명한 뒤 곧바로 왜관(倭館)에 알리니, 왜
인들이 이 가마솥을 보고는 크게 놀라면서 값을 따지지 않고 수
만 냥의 돈을 내주는 것이었다.

상점 주인은 그 돈의 절반을 염씨에게 주면서 치하했다. 이에
염씨는 사양하면서,

"본래 주인의 돈을 가져가서 모두 탕진했으니, 이 돈은 모두 주
인의 돈입니다. 게다가 그 복이라는 것 역시 주인의 복인데, 제가
어찌 남의 이익으로 남은 돈을 받을 수가 있겠습니까? 그 동안의
배려만으로도 감사합니다."

라고 말하니, 주인 박씨는 억지로 그 돈을 말에 실어 보내 주는
것이었다. 그리하여 염씨는 이 돈을 싣고 서울로 돌아왔다.

옛집에 도착하니 아내와 아이들이 모두 기다리고 있었다. 집을
나간 지 7년 만에 돌아온 염씨는 이 돈으로 가업을 일으켜 큰 부
자가 되었다.

빗나간 화살

천석꾼 부자 고첨지는 성질이 포악하고 재물엔 인색한 수전노라 고을 사람들의 원성이 자자해 원통함을 풀어달라는 민원이 수없이 관가에 올라갔지만 그의 악행은 날이 갈수록 더했다. 고첨지는 산삼이다, 우황이다, 온갖 진귀한 것들을 구해다 사또에게 바쳐서 사또를 한통속으로 만들어놓았기 때문이다.

어느 날 아침, 고첨지네 말 한마리가 없어져 집안이 발칵 뒤집혔다. 집사와 하인들이 온 고을을 뒤지며 수소문 끝에 용천다리 아래 거지 떼들이 간밤에 잡아먹어 버렸다는 것을 알아냈다.

그날 밤, 뚜껑이 열린 고첨지가 손수 횃불을 들고 용천다리 아래로 가서 거지들의 움막집에 불을 질렀다. 불길은 하늘로 치솟고 뛰쳐나오는 거지들을 고첨지네 하인들은 몽둥이찜질을 했다. 집으로 돌아와 아직도 화가 덜 풀려 약주를 마시고 있는 고첨지 앞에 안방마님이 들어와 앉아 "저는 한평생 영감이 하는 일에 한마디도 간여하지 않았습니다. 영감이 몇 번이나 첩살림을 차릴 때도!"

"어흠, 어흠." 입이 열 개라도 할 말이 없는 고첨

지가 천장만 쳐다보고 있는데 "이번엔 제 말 한마디만 들어주십시오."

"뭣이오?" "그들이 오죽 배가 고팠으면 말을 잡아먹었겠습니까? 그리고 이 엄동설한 밤중에 그들의 움막집을 태우면 그들은 모두 얼어 죽습니다. 제 소원 한번만 들어주십시오."

천하의 인간 망종 고첨지도 가슴속에 한 가닥 양심이 꿈틀대기 시작했다. 순식간에 움막집을 날려버리고 강둑에서 모닥불 가에 모여 달달 떨고 있는 거지들을 집으로 데려오게 했다. 여자와 아이들은 찬모 방에 들여보내고 남정네 거지들은 행랑에 넣었다. 고첨지가 행랑 문을 열어젖히고 들어가자 발 디딜 틈 없이 빼곡히 앉은 거지들이 또 무슨 낭패를 당할까 모두 고개를 처박는데 "말고기 먹고 술 안마시면 체하는 법이여." 거지들이 어리둥절 머리를 들자 술과 안주가 들어왔다.

아녀자들이 모여 있는 찬모 방엔 밥과 고깃국이 들어갔다. 그날 밤 고첨지는 거지들에게 술을 따라주고 자신도 몇 잔 받아 마시며 거지가 된 사연들을 물어봤더니 코끝이 시큰해졌다. "우리 집에 방이 많이 있으니 겨울을 여기서 나거라. 봄이 오면 양지바른 곳에 집들을 지어줄 터이니." 행랑은 울음바다가 되었고 소식을 전해들은 찬모 방에서도 감격의 울음이 터져 나왔다. 안방에

서는 마님의 울음이 터졌다.

"영감, 정말 대인이십니다!"

눈이 펄펄 오던 날 마실 가던 고첨지가 노스님을 만났다. 노스님이 눈을 크게 뜨고 고첨지를 자세히 보더니 "관상이 변했소이다. 화살이 날아와 아슬아슬하게 목을 스치고 지나가리다." 고첨지는 빙긋이 웃으며 "그럼 안 죽겠네."

어느 날 밤, 고첨지네 행랑에서 떠들썩하게 거지들이 새끼 꼬고 짚신 만들고 가마니를 짜는데 행색이 초라한 선비 하나가 들어오더니 "고첨지라는 못돼 먹은 인간이 온갖 악행을 다한다는데 여기는 당한 사람이 없소이까?"

이튿날 새벽, 사또가 헐레벌떡 고첨지를 찾아왔다. "고첨지 큰일 났소. 어젯밤 암행어사가 당신 집 행랑방에서 거지 떼들에게 몰매를 맞고 주막에 누워 있소. 의원이 그러는데 크게 다치지는 않은 모양이오. 의원이 진맥을 하다가 마패를 보고 내게 알려준 거요."

얼마 후 고첨지는 임금이 하사한 큰 상을 받았다.

"부인, 이 상은 부인의 것이오. 소인의 절을 받으시오."

부인의 말을 들은 고첨지에게 화가 복이 되어 돌아왔다.

꿩과 오리와 뱁새 잡는 법

어느 고을에 해학을 잘하는 사람이 있었는데, 하루는 무하 군자 (無何君子:아무 것도 없다는 뜻)에게 물었다.

"군자께서는 꿩과 오리와 뱁새를 어떻게 잡아야 하는지 알고 있습니까?"

"아, 그거야 별로 어렵지 않지요. 쉽게 잡는 방법이 있답니다."

이러면서 그는 다음과 같은 방법을 일러 주는 것이었다. 먼저 꿩을 잡는 방법은 이러했다.

가느다란 노끈을 준비하는데, 그 길이는 마음대로 정해도 된다. 이 노끈 끝에는 콩알에 구멍을 뚫어 꿰어서는 풀리지 않게 잘 묶 는다. 그리고 콩알의 겉면에는 기름을 발라 반질반질하게 만든다.

이것을 가지고 산속으로 들어가서 노끈의 한쪽 끝은 잡고, 나머 지 콩알이 달린 부분은 꿩들이 잘 숨어드는 나무뿌리 근처에 던 져 놓는 것이다.

이렇게 해두면 일단 모든 준비는 끝난다. 그리고 숨어서 기다 리다 보면 꿩이 와서 콩알을 집어 먹는데, 물론 노끈까지 함께 몸 속으로 들어가게 된다.

그러나 콩알의 겉면에는 기름이 묻어 있으니, 몸속에 들어가도 창자를 거치는 동안 조금도 손상되지 않은 채 그대로 대변에 섞 여 나오게 된다.

그러면 노끈이 꿩의 입에서 뱃속을 지나 항문으로 꿰이게 되는데, 대변으로 나온 콩알을 다른 꿩이 또 집어 먹으면, 그 꿩 역시 창자 속에 노끈이 꿰인 채 콩알은 다시 밖으로 나오는 것이다.

이런 식으로 하루가 지나면 여러 마리의 꿩이 입에서 항문으로 죽 꿰어 연결되니, 이 때 노끈만 잡아당기면 줄줄이 꿰인 꿩들이 다가오게 되는 것이다.

따라서 이와 같은 방법이라면 얼마든지 매일 꿩을 잡을 수 있다는 설명이었다.

이어서 물오리를 잡는 방법은 이러했다.

먼저 사람 얼굴이 들어갈 만한 커다란 바가지를 준비한다. 이 바가지 위에 사람의 얼굴을 잘 그린 다음, 물오리들이 있는 곳에 띄워 놓는다.

그러면 오리들은 처음에 사람 얼굴을 보고 놀라 경계하며 피하지만, 여러 날이 지나면 그 바가지가 사람이 아니라는 것을 알고 그냥 자연스럽게 지내게 된다.

이 때 사람이 그 바가지를 머리에 쓴 채 노끈을 들고 물속에 들어가서, 바가지가 물에 떠 있는 것처럼 보이는 것이다. 그러면 오리들은 이미 훈련이 되어 있어 아무렇지 않게 여기고, 접근을 해도 놀라지 않는다.

그 때 물속에서 손으로 오리 발을 잡고 밑으로 잡아당겨 노끈으로 묶어 놓으면, 다른 오리들은 그가

물자막질을 하는 것으로 알고 놀라지 않는다.

이런 식으로 하다 보면 많은 오리 발을 노끈으로 묶을 수 있으니, 그 끈만 잡아당기면 수많은 오리들이 줄줄이 따라 나오게 된다는 설명이었다.

다음은 뱁새 잡는 방법을 설명하는데, 이러했다.

아주 더운 여름날 좁쌀로 밥을 지어 뭉쳐 가지고, 작은 칼 하나를 준비해서 두 사람이 함께 칡넝쿨이 우거진 산으로 간다.

한낮의 강한 햇볕으로 칡잎이 시들시들할 때, 한 사람은 칼을 들고 칡넝쿨 밑둥치 쪽으로 가서 숨고, 다른 한 사람은 칡잎 위에 좁쌀 밥을 조금씩 얹어 놓는다.

이러고서 반대쪽에 가서 뱁새를 이쪽으로 몰아오면, 그들이 날아와서는 칡잎 위에 앉아 좁쌀 밥을 쪼아 먹게 되는데, 이 때 숨어 있던 사람이 칡넝쿨의 밑둥치 부분을 잘라 버리면, 뿌리에서 수분이 올라가지 않아 칡잎들은 금방 햇볕에 의해 오므라들게 된다.

그러면 거기 앉아 있던 새들은 모두 칡잎에 싸여, 날아가지 못하고 갇혀 버리게 되는 것이다.

이 때 그 위에 불을 붙이면 뱁새들이 모두 구워지니, 집어서 소금만 찍어 먹으면 된다는 설명이었다.

이러한 무하 군자의 설명에, 듣고 있던 사람들은 탄복을 하면서 입가에 침을 줄줄 흘리더라.

동자승에게 속은 주지

충주에 있는 한 야사(野寺)에 주지승이 어린 동자승을 데리고 살았다. 한데 이 주지 스님이 매우 인색하여 동자승에게 세 끼 식사 외에는 아무 것도 주지 않으면서 언제나,

"절간이라 여유가 없으니 유지해 나가기가 무척 어렵구나."

라고 말하여 어려움만 일깨우는 것이었다.

한편, 절에서는 몇 마리 닭을 기르고 있었는데 주지 스님은 이 닭이 알을 낳으면 그것을 삶아 두었다가, 동자승이 잠든 뒤에 혼자 먹곤 했다. 이에 동자승이 그것을 알면서도 모르는 척 주지 스님에게 물었다.

"스님. 닭이 낳은 알을 삶아 잡수시는 것 같사온데, 그것을 무엇이라 이르는지요?"

"그건 네가 알 필요 없는 일이거늘, 다만 '무 뿌리' 라 하느니라."

곧 주지 스님은 삶은 계란을 '무 뿌리' 라고 속여 말해 주었다.

하루 밤에는 주지 스님이 자다가 문득 깼는데, 시간이 얼마나 되었는지 알 수가 없었다. 이에 동자승을 불러 물었다.

"애야! 시간이 얼마나 되었느냐? 날이 새려면 아직 멀었느냐?"

　　주지 스님이 부르는 소리에 잠을 깬 동자승은 곧 닭들이 활개를 치면서 '꼬끼오!' 하고 우는 소리를 들었다. 이에 동자승은 하품을 하면서 아뢰었다.

　"예, 스님! 이제 날이 새려고 하나 봅니다. 그 '무 뿌리 아비'가 방금 '꼬끼오!' 하고 울었사옵니다."

　어느덧 가을철이 다가왔다. 절에는 감나무에 감이 빨갛게 익어 홍시가 되었는데, 주지 스님은 그 홍시를 따가지고 대바구니에 담아 높은 들보 위에 얹어 놓고는, 목이 마를 때마다 내려서 혼자 먹으며 동자승에게는 맛도 보여 주지 않는 것이었다.

　하루는 동자승이 들보 위의 바구니를 가리키며 물었다.

　"스님, 저 대바구니 안에 든 붉은 것을 무엇이라 합니까?"

　"아, 그것은 독과(毒果)라는 거란다. 아이들이 먹으면 혀가 문드러져 죽게 되는 것이니라."

　이렇게 거짓으로 가르쳐 주었는데, 하루는 주지 스님이 볼일이 생겨 마을로 내려가게 되었다. 이에 동자승을 불러 주의를 주면서 이르는 것이었다.

　"내 잠시 볼일이 있어 마을에 다녀올 것이니, 잠시도 방심하지 말고 절을 잘 지키고 있어야 한다."

　이에 동자승은 곧 주지 스님이 멀리 사라지는 것을 확인하고서, 긴 막대기를 가져와 들보 위에 있는 바구니를 밀어 떨어뜨렸다. 그리고는 바구니 속에 든 홍시를 실컷 먹었다.

그런 다음 바구니는 떨어진 채 그대로 두고, 주지 스님이 평소 아끼던 차 끓이는 다완을 집어 들어, 침실에 놓인 꿀단지를 향해 힘껏 던졌다. 그러자 다완은 박살이 났고, 꿀단지도 깨져 방안에 꿀이 질펀하게 흘렀다.

이렇게 해놓고 동자승은 감나무로 올라가, 주지 스님이 돌아올 때까지 기다렸다.

이에 스님이 돌아와 보니 방안에는 꿀단지가 박살 난 채 꿀이 질펀하게 흘러 있고, 들보 위에 얹어 놓은 바구니는 바닥에 떨어져 홍시가 서로 뭉개진 채 아수라장이 되어 있었다.

한데 동자승은 보이지 않으니, 혹시 악한의 침입이 있었나 하고 걱정을 하면서 이리저리 둘러보다가 큰소리로 불렀다.

"애야! 어디 있느냐? 어서 대답해 보아라!"

"예, 스님! 소인, 여기 감나무 위에 올라와 있습니다요."

그러자 주지 스님은 노발대발을 하면서, 감나무 위를 쳐다보며 속히 내려오라고 소리쳤다. 이 때 동자승은 우는 소리로 말했다.

"스님, 소인이 큰 죄를 저질렀사옵니다. 스님 방의 다완을 씻으려고 들어갔다가 잘못해서 꿀단지 위로 떨어뜨렸습니다. 그래서 꿀단지가 깨지고 꿀이 흘러나와, 두려운 마음에 죽으려고 생각했사옵니다. 한데 목을 매려고 끈을 찾다가 찾지 못하고, 칼로 찔러 죽으려다가 칼을 찾지 못해 할 수 없이 독과를 먹고 죽으려고

작정했습니다. 그래서 막대기로 독과 바구니를 떨어뜨려 독과를 많이 먹었사오나, 소인의 몸이 완약하여 쉽게 죽질 않았사옵니다. 할 수 없이 독과 나무의 독을 맞아 죽으려고 이렇게 올라왔는데, 아직까지 죽지 않고 있사옵니다."

이에 주지 스님은 크게 웃으며 내려오라고 하여 용서하더라.

귀암계곡 호랑이

절벽이 병풍 둘러 하늘이 손바닥만 하게 뚫어진 귀암계곡 30리를 빠져나가려면 초입에 자리 잡은 주막집에서 여럿이 모여 무리를 지어 떠나야 했다. 가끔씩 산적들이 길을 막기도 하고 호랑이가 대낮에 나타나기도 하기 때문이다.

입춘이 지난 어느 날 주막집에서 열 두 사람이 모여 아침상을 물리고 눈발이 흩날리는 귀암계곡으로 들어섰다.

절벽에 붙어서 얼음판을 건너며 열두 명의 길손들은 말없이 걸음을 옮기는데 눈발이 점점 굵어지는 게 걱정거리가 되었다.

아니나 다를까 먹장 하늘에서 폭설이 퍼붓고 지난번 왔던 눈이 채 녹지도 않은 터라 이내 허리춤까지 눈에 파묻혀 길손들은 거북이걸음이 되었다.

이리저리 눈을 헤치며 나가다가 그들은 심마니들과 사냥꾼들이 만들어놓은 대피막을 발견, 죽은 목숨 살아난 듯이 안도의 한숨을 토했다.

엉성하게 눈비만 피할 수 있는 대피막 속에 들어가 모닥불을 지피고 빙 둘러 앉자 바깥은 이내 어둠살이 깔렸다.

그때, 어흥~ 호랑이의 울음이 산천을 찢더니 집채만 한 놈이 대피막을 어슬렁어슬렁 돌기 시작했다. 보부상, 소금장수, 도편수, 탁발승… 산전수전 다 겪었다는 남정네들이 설설 오줌을 쌌다.

대피막을 흔드는 호랑이의 포효가 그칠 줄 모르자 보부상이 떨리는 목소리로 "하, 하, 한사람만 희, 희, 희생양이 되어줘야겠어."

열한명의 시선이 보따리 하나를 안고 구석에 쪼그리고 앉아 있던 열세 살 어린 소년에게 쏠렸다. 새파랗게 질린 소년은 울음을 터뜨리며 "살려주세요. 홀로된 어머님을 제가 모셔야 해요. 살려주세요! 제발." 탁발승은 눈을 내리깔고 나무아미타불만 외고 있었다. 사립문이 열리고 어린 소년이 나뒹굴어 내팽개쳐졌다. 혼절했던 소년이 눈을 떴을 때 그는 따뜻한 호랑이 품에 안겨 있었다.

동향을 한 바위굴 속으로 아침햇살이 쏟아져 들어왔다. 그는 호랑이가 무섭지 않았다. 옆에 삐쩍 마른 암컷 호랑이가 입을 크게 벌렸다.

소년은 팔을 뻗어 호랑이 목구멍에 박혀 있는 뾰족한 산돼지 송곳니를 뽑았다. 산돼지 송곳니 때문에 먹지 못해 수척한 암컷 호랑이는 수놈이 잡아놓은 사슴을 걸신들린 듯이 뜯어먹기 시작했다. 그날 밤, 소년은 호랑이 등에 업혀서 집으로 돌아갔다.

다음날 이른 아침, 소년의 어머니가 소리쳐 소년이 나가보니 마당에 커다란 곰이 쓰러져 있었다. 사흘이 멀다 하고 사슴·멧돼지·노루가 마당에 널브러졌다. 웅담, 사향에 고기는 고기대로 팔아 홀어머니와 소년은 부자가 되었다.

늦은 봄, 눈이 녹자 눈사태로 매몰되었던 대피막에서 탁발승을 포함한 열한구의 시체가 나왔다.

자라머리를 베다

옛날에 한양에 여색을 좋아하는 벼슬아치와 투기가 심한 부인이 살고 있었다. 그가 기생집에 드나들기를 재미 붙이니, 질투가 심한 그의 처가 이것을 가만히 보고만 있을 리 있겠는가? 항상 그는 아내의 질투를 걱정하던 중 하루는 자라 모가지 하나를 소매 속에 넣고 안방에 들었겠다. 아내가 뒤좇아 들어오며 강짜를 부리자 일부러 화를 내며 고함쳐 말하되

"무릇 사나이의 불러일으키는 것이 모두 이 한 물건 때문이니, 이 한 물건이 아니라면 무슨 걱정이 있으리오." 하고 말한 다음 칼을 꺼내어 그 물건을 베어버리는 척하곤 곧 그 베어진 것을(자라 모가지)뜰에 던져 버렸다.

이에 그 아내가 크게 놀라 남편의 앞으로 다가오더니 허리를 부여잡고 통곡하며 말하되

"내 비록 질투가 심하다 하나 어찌 이 지경까지 이르렀소이까?" 하고 흐느끼는데 때마침 아내의 젖어멈이 뜰로 뛰어나가 던진 물건을 자세히 바라보더니 "아씨는 걱정하지 마세요. 이 물건이 눈이 둘이요, 그 위에 빛깔까지 알록달록하니 제가 장담하건데 양두가 아닙니다요." 하고 떠드니 부인이 크게 웃고 다시는 질투하지 않았다고 한다.

한 번 웃겨봐?

병을 잘 고치는 의원이 있었는데 이 의원은 웃을 줄 모르는 의원이었다.

내가 한 번 웃겨봐?

좋아! 웃기기만 함 내가 한잔 사지!

소년은 집으로 가더니 막대기로 손바닥에 물집이 생길 정도로 박박 밀었다.

벅벅

의원을 찾아가서는

속병이 생겼는데 겉으로 나서 몹시 곤란을 겪고 있다구요!

…

속병이라면서 겉으로 나타나니 증세를 보여줄 수 있겠나?

소년은 손에 감았던 붕대를 풀면서

보십시오! 상처가 이러하니

그, 그건 물집 아닌가?

어르신 들어 보십시오 저희 집이 가난하여 아직 장가를 못 갔는데 이 손으로 대신 양 근을 문질러 끓어오르는 정감을 발휘해 왔습니다요.

헌데 그것이 지나쳐 이렇게 물집이 생기니 이제 그 행위를 못하게 됐으니 이것이 어찌 속병이 아니고 무엇입니까?

…!

주위 사람들이 모두 배가 터져라 폭소를 터뜨리니

크하하하하…

웃음을 모르던 의원도 참지 못하고 크게 웃더라~나?

푸하하하하

팔딱딱

열녀는 절개를 지킨다.

옛날 중국에서 전해지던 이야기 중에 이런 것이 있다.

장주(莊周:옛날 중국의 학자인 장자를 끌어다 붙인 것임)가 멀리 집을 떠나 여행했다가 돌아와 아내에게 말했다.

"내 여행하는 동안 괴이한 일을 보았소."

"무슨 일을 보았는데 그렇게 괴이하다고 하십니까?"

"아, 글쎄 들어 보구려. 길가에 한 무덤이 있었는데, 아름답게 생긴 부인이 그 옆에 앉아 무덤에 부채질을 하고 있었다오. 그래 내가 괴이하게 생각하고 그 까닭을 물어 보았소."

"그래서요? 그 부인이 뭐라고 했습니까?"

"그 대답이 가히 충격적이었소. 즉, 그것은 자기 남편의 무덤인데 죽으면서 유언하기를, 자기가 죽은 후 아내가 재혼하는 것은 무방하지만, 자기 무덤의 풀이 마르고 난 뒤에 하라고 했답디다. 그래서 무덤의 풀이 빨리 마르라고 부채질을 하고 있다는 대답이었소. 참 우습지 않소이까?"

"여보, 그 여자를 꾸짖지 않고 그냥 두셨어요? 남편이 죽고 나서 3년이 지난 뒤 재혼하는 것은 혹시 용인될 수도 있지만, 장례를 치른 지 얼마 되지도 않았는데 부채질까지 해가며 빨리 재혼하려는 것은 음부(淫婦)나 하는 짓이지요. 당장 능지 처참을 했어도 마땅한 여자입니다."

"아, 부인! 당신은 그러면 내가 만약 죽었다고 할 때, 3년이 지난 뒤라야 재혼을 하겠구려."

"여보! 그 무슨 말씀입니까? 열녀는 불경이부(烈女不更二夫)인데, 어찌 개가를 한단 말입니까?"

장주와 부인은 이런 대화를 하면서 행복해 했다.

그런데 이날 밤, 장주가 갑자기 병이 들어 잠시 앓다가 그만 죽고 말았다. 부인은 슬퍼서 시체를 부여안고 통곡을 하는데, 이 때 마침 얼굴이 관옥 같이 아름답고 잘생긴 젊은이가 어린 소년 하나를 데리고 청노새를 탄 채 그 앞을 지나갔다. 이에 젊은이는 부인의 통곡 소리를 듣고 까닭을 물었다.

"무슨 일로 이렇게 슬퍼하고 계십니까?"

"남편이 갑자기 세상을 떠나 슬퍼서 애통해 하고 있습니다. 게다가 염습을 도와줄 사람조차 없어 이렇게 울고 있답니다."

"아, 부인! 걱정하지 마십시오. 내가 도와 드리리다."

젊은이는 곧 주머니에서 돈을 꺼내 소년에게 주면서, 옷이며 관곽 등 장례에 필요한 물품을 사오라고 시켰다. 그리고 시신을 잘 염습해 후원에 빈(殯:무덤 만들기 전에 임시로 묻어 두는 것)을 하고 일을 끝마쳤다.

그리고 나서 젊은이는 부인에게 말했다.

"내 아직까지 결혼하지 않아 아내가 없답니다.
이제 부인과 함께 살며 일생을 해로하고 싶은데

어떠신지요?'

이 말을 들은 부인은 젊은이의 우아함을 흠모하여, 그렇게 하겠다고 허락했다. 그리하여 곧 고운 새 옷으로 갈아입고 이부자리를 화려한 것으로 바꾼 다음, 젊은이와 잠자리에 들어 뜨거운 며칠을 꿈처럼 지냈다.

그런데 이 젊은이 또한 갑자기 병들어 심하게 앓는 것이었다. 부인이 어쩔 줄 몰라 당황하고 있으니 따라온 소년이 말했다.

"우리 도련님은 평소 이런 증상을 보이는 병을 가지고 있습니다. 이럴 때는 사람의 해골만이 약이 되는데, 어디서 그 해골을 구하지 못하면 곧 죽게 됩니다."

이에 부인은 한참 동안 생각하다가, 일어나서 도끼를 들고는 후원으로 갔다. 그리고 임시로 묻어둔 남편의 빈을 헤치고 관 뚜껑을 열어 머리를 노출시키는데, 갑자기 그 속에 누워 있던 남편이 벌떡 일어나며 소리쳤다.

"부인! 그 도끼로 무엇을 하려는 게요?'

그러자 놀란 부인은 한동안 말을 못하다가 정신을 가다듬어,

"예, 당신이 갑자기 죽어 여기에 빈을 만드는 중입니다."

라고 말하니, 남편은 부인의 손을 잡고 방으로 들어가는 것이었다. 그런데 앓아 누워 있던 젊은이도 소년도 간 곳이 없었다. 곧 남편은 부인을 향해 추궁했다.

"내가 죽었으니 부인은 마땅히 상복을 입고 거적을 깔고 슬퍼

해야 하거늘, 이 좋은 이부자리는 무엇이며 왜 그렇게 화려한 옷을 입고 있는 게요?"

"내 슬프고 마음이 급해 미처 옷을 갈아입지 못했답니다."

이에 남편은 웃으면서 이렇게 말했다.

"며칠 전 죽은 것도 나이고, 청노새를 타고 나타난 젊은이도 내가 변장한 것이며, 사람 해골을 먹어야 한다고 한 것도 바로 나라오. 전에 당신은 내 이야기를 듣고 열녀 불경이부라고 하지 않았소. 한데 죽은 남편 해골을 도끼로 자르려는 행동이 어찌 열녀가 할 일이겠소? 오히려 무덤의 풀이 빨리 마르라고 부채질하는 여인이 더 열녀인 듯싶구려."

이에 부인은 입을 다물고 말이 없더라.

까막눈

　봉득이는 뼈대 있는 집안에서 태어났으나 여섯 살 때 모친을 병으로 여의고 부친은 화병으로 드러누웠다.

　어느 날 부친과 의형제를 맺은 최참봉이 강 건너 문병을 왔다. 두사람은 최참봉의 딸과 봉득이를 나이가 차면 혼인시키기로 약조한 사이다. "내가 죽거든 우리 봉득이를 자네가 좀 맡아주게." 두사람은 손을 굳게 잡았다.

　한달이 지나 봉득이 아버지도 이승을 하직하고 봉득이는 최참봉네 집으로 들어가게 됐다. 선친의 의형제 최참봉은 여섯살 봉득이의 거처를 행랑으로 정해줬다.

　봉득이는 마당도 쓸고 잔심부름도 하며 밥값을 하다가 어느 날 최참봉에게 서당에 가서 글을 배우고 싶다고 청을 올리자 최참봉 왈 "글은 배워서 어디에 써먹을 게야! 너는 열여섯이 되면 내 사위가 돼 우리집 살림을 꾸려가야 해. 내가 아들이 있냐, 양자가 있냐. 네가 이집 대주가 되는 거야." 최참봉은 어린 봉득이를 머슴처럼 부렸다.

봉득이도 최참봉의 약속을 믿고 뼈가 부서져라 일했다. 봉득이 조실부모하고 최참봉 집에 들어온 지 10년, 열여섯이 되어 최참봉 딸과 혼례를 올릴 바로 그 해가 됐다. 우수가 지난 어느 날, 최참봉은 봉득이에게 심부름을 시켰다.

"너, 수리재에 다녀와야겠다." 봉득은 놀랐다. "수리재라면 산적이 들끓는…."

"겁낼 것 없다. 이 서찰과 물건을 가지고 수리재 꼭대기에 가면 사람이 기다릴 것이다. 부지런히 걸으면 내일쯤 그곳에 당도할 수 있을 게야."

봉득이는 서찰을 품에 넣고 겹겹이 싼 길고 묵직한 물건을 들고 걸음을 재촉했다.

저녁나절 찬비를 맞고 오들오들 떨며 주막에 들어갔다. 뜨끈뜨끈한 구들방에 들어가 가장 먼저 젖은 서찰을 곱게 펴서 말렸다. 한방에 유숙할 노스님이 힐끗 서찰을 보더니 깜짝 놀라 "젊은이, 까막눈인가?" 하고 놀랐다.

"왜 남의 편지를 훔쳐보고 그래요!" 봉득이 눈을 흘기자 노스님은 목탁으로 봉득이 등짝을 후려치

며 "이놈아, 이 편지를 내가 읽어볼 테니 어디 한번 들어나 봐라. 오장수님, 명장이 빚은 명검을 올립니다. 이 명검의 칼날이 얼마나 예리한지 이걸 가지고 간 녀석의 목을 쳐서 시험해 주시기 바랍니다."

오장수는 수리재 산적 두목으로 최참봉은 매년 그에게 공물을 바쳐 화를 면해왔다.

이튿날 아침, 봉득이는 스님을 따라 첩첩산골 암자로 들어갔다. 최참봉에 대한 원한보다는 자신을 죽이려는 글 한줄 몰랐다는 게 한스러워 죽기 살기로 공부해 5년 만에 과거에 급제해 암행어사가 됐다.

봄비가 추적추적 오는 어느 날 밤, 새파란 셋째첩을 끼고 누운 최참봉 방문이 스르르 열리고 암행어사가 장검을 들고 나타났다.

"보, 보, 봉득이!" 하며 놀란 최참봉에게 봉득이는 낮은 목소리로 말했다. "칼날이 아직도 무디어지지 않았는지 시험해봐야겠습니다."

완악한 종의 행패

어느 고을에 한 부인이 있었는데, 남편이 어린 아들 하나만 둔 채 병이 들어 세상을 떠났다. 그 뒤로 이 부인은 혼자서 종들을 거느리고 살아가면서, 어린 아들을 지나치게 귀애한 나머지 교육을 제대로 시키지 못해, 아들이 장성한 뒤에도 철이 없는 어리석은 사람이 되고 말았다.

그리하여 하루는 부인이 아들을 불러 앉혀 놓고 이렇게 시켰다.

"너는 내일 종을 데리고 대구로 내려가서, 예전 우리 집 종들을 찾아 그 몸값을 받아오는, 추노(推奴)의 직분을 수행하고 오너라."

이에 아들은 종 하나를 거느린 채 말을 타고 대구로 향했다. 한데 이 종은 매우 완악(頑惡)하여, 어리석은 상전의 말을 듣지 않고 깔보면서 놀렸다.

부인의 아들이 말을 타고 가면서 종에게 물었다.

"여기에서 대구까지는 몇 리나 되느냐?"

이렇게 대구까지의 거리를 물었는데, 종은 일부러 어리석은 상전을 놀리느라 땅이름 '대구(大邱)'를 물고기 이름 '대구(大口)'로 해석하고, '거리'를 말하는 '리(里)'를 '치아(齒牙)'인 '이'로 해석하

여 이렇게 대답하는 것이었다.

"대구는 위의 이빨이 16개이고 아래의 이빨도 16개라, 모두 합해 32개의 이빨이 있습니다."

또한 날이 저물어 한 여관에 들자 부인의 아들은,

"방에 '자리(앉는 방석 자리를 뜻함)' 가 있을까?"

하고 다시 종에게 물었다. 그러자 이 종은 또 상전을 놀리느라 달리 해석하여 대답을 하는데,

"잘 데가 없으면 소인과 함께 자면 됩니다."

하고 말하는 것이었다. 곧, '자리' 를 '잠 잘 장소' 로 해석한 대답이었다.

방안으로 들어가서 잠잘 준비를 하면서 부인의 아들은 다시 종에게 물었다.

"잘 때 빈대나 이 같은 게 없을까? 이 여관방에는 '물것' 이 없는지 모르겠구나."

그러자 종은 또 이렇게 대답하는 것이었다.

"도련님! '물것(입에 물 물건으로 해석)' 이 없으면 소인의 음경을 물면 됩니다. 걱정하지 마십시오."

부인의 아들은 비록 어리고 어리석었으나 그래도 상전인데, 이 완악한 종은 사사 건건 이런 식으로 놀리니 더 이상 참기가 어려웠다. 이에 그 아들은 화가 나서 꾸짖어 말했다.

"내 너를 엎어 놓고 볼기를 때려 잘라 버렸으면 좋겠다."

그러자 종은 다시 히죽히죽 웃으면서 이렇게 대꾸했다.

"도련님이 때려 자르지 않아도, 소인의 둔부는 이미 두 조각으로 갈라져 있습니다요."

이러니 부인의 아들은 화가 나서 더 이상 이 종과 대구로 내려가기 싫어, 중도에 되돌아왔다. 그리고 모친에게 종의 행패에 대해 모두 아뢰니, 부인은 종의 행동을 문제 삼아 다른 종들을 시켜 엎어 놓고 볼기를 치라고 했다.

그러자 이 종은 볼기를 맞으면서 부인을 향해 말했다.

"소인, 농담으로 그리 말한 것은 사실입니다. 하지만 그 말을 할 때 도련님과 소인밖에 아무도 들은 사람이 없습니다. 그렇다면 설마 도련님이 안방마님께 이 사실을 고해 바치지는 않았을 테고, 대체 어떤 쥐새끼가 그런 겁니까?"

그러자 부인의 아들은 바지춤에 손을 질러 넣은 채 마루를 오락가락 배회하면서 중얼거렸다.

'난 말하지 않았어! 난 결코 말하지 않았다니까!'

아들은 고개를 숙이고 이렇게 계속 중얼거리고 있었다.

이 이야기에 부묵자는 이런 평을 붙여 놓았다.

"아아, 공자는 사랑하면 노력을 많이 하게 하고, 충성을 할 때는 깨우쳐 주는 일을 함께 해야 된다고 했다. 옛 성현들 역시 사랑하면서 노력을 시키

지 않으면 새나 송아지를 사랑하는 것이 되고, 충성을 할 때 깨우쳐 주길 함께 하 지 않으면 부녀자들이 남편을 섬기는 거 나 같은 것이라고 해석했다. 이 이야기 속의 부인도 자식을 사랑 하기만 하고, 열심히 노력하게 하지 않았던 결과 이렇게 된 것이 로다."

움켜쥔 단추

　강원도 정선 땅 첩첩산중 담비골에 단 두집이, 윗집엔 심마니 내외가 아랫집엔 사냥꾼 내외가 살았다. 그들은 친형제처럼 내 것 네것이 없었다.

　어느 깊은 가을날 산삼을 캐러 간 심마니가 밤이 늦도록 돌아오지 않아 심마니 부인은 쪽마루에 걸터앉아 남편 오기만을 기다리는데 아랫집 사냥꾼이 올라와 한다는 말씀이 "형수님, 우리 집 사람 여기 안 왔습니까?"

　심마니와 사냥꾼 마누라가 눈이 맞아 도망쳐버린 것이다. 심마니 부인은 식음을 전폐하고 드러누워버렸는데 연놈들을 찾으러 간다며 대처로 나갔다가 3일 만에 헛걸음을 치고 돌아온 사냥꾼이 "형수님, 이러시면 안됩니다, 일어나 이것 좀 드세요." 하고 음식을 권했다.

　아랫집에서는 생홀아비가 윗집에서는 생과부가 분노와 한숨으로 살아가다가 눈이 펄펄 오던 어느 겨울날 밤, 사냥꾼이 술냄새를 풍기며 윗집 생과부 방으로 들어가자 그녀도 기다렸다는 듯이 품에 안

겨 광란의 밤을 보냈다.

자연스럽게 두사람은 부부가 되어 새살림을 차렸다. 사냥꾼은 심마니 부인을 형수님이라 부르는 대신 여보라 불렀고 그녀도 자연스럽게 사냥꾼을 서방님이라 불렀다. 사냥꾼은 하룻밤도 거르지 않고 심마니 부인의 고쟁이를 벗겼고 그녀는 새로운 밤풀이에 심신이 들떴다. 지난 가을의 분노와 한숨은 까마득히 잊어버리고 새삶이 너무 짜릿해 웃음꽃이 질 날이 없었다.

꽃피고 새 우는 화사한 봄날이 찾아왔다. 산나물을 뜯으러 산속으로 들어간 사냥꾼 새마누라는 사냥꾼이 좋아하는 곰취를 뜯으러 점점 깊이 들어가다 깜짝 놀라 걸음을 멈췄다. 바위 사이 풀 속에 처박힌 시체, 그것은 사냥꾼 부인과 도망쳤다던 남편 심마니였다.

움켜쥔 오른손을 펴자 단추 하나가 나왔다. 그녀는 단추를 들고 허겁지겁 집으로 돌아왔다. 가을에 입던 사냥꾼의 조끼를 꺼내자 단추 하나가 떨어졌고 나머지 단추와 그녀가 갖고 온 단추는 같은 모양새였다.

사냥꾼이 방으로 따라 들어와 방바닥에 엎드려 울면서 "용서해 주시오. 당신을 처음 본 순간부터 나는 미칠 것만 같았소. 으흐

흐흑."

　　　　　망연자실 천장만 바라보던 부인이 조끼와 단추를 들고 나가더니 부엌 아궁이 불 속에 던져버리고 방으로 들어와 배시시 웃으며 "나도 서방님 품에 안기는 꿈을 수없이 꾸었습니다."

　사냥꾼이 감격하여 그녀를 안았다. 운우가 지나고 땀을 훔치지도 않고 속치마만 걸친 채 그녀는 부엌에서 술상을 차려왔다. 사냥꾼이 하초만 가린 채 벌컥벌컥 술잔을 단숨에 비우고, 그리고 초점 잃은 눈을 크게 뜨더니 피를 토하며 꼬꾸라졌다.

　지아비를 죽인 원수를 갚은 것이다. 이튿날 산속으로 들어간 그녀는 억울하게 죽은 심마니 시체를 수습하여 땅에 묻고 술을 따라 제를 올렸다. 사냥꾼의 시신도 수습해서 양지바른 곳에 묻고 술을 따랐다. 지아비를 죽인 원수지만 그 또한 다섯달 동안 살을 섞은 지아비가 아닌가. 거름더미 속에 파묻혀 있던 사냥꾼 부인의 시체도 찾아내 땅에 묻었다. 그날 밤, 담비골 두집엔 시뻘건 불길이 치솟아 오르고 그녀는 어디론가 종적을 감췄다.

까막눈 뱃사공

꽃피고 새 우는 어느 봄날 해거름, 운포나루 뱃사공 고씨가 허달스님을 강 건네 주려고 닻을 올리는데 때마침 기생들을 데리고 천렵을 갔던 고을 세도가 자제들이 술에 취해 노래를 부르며 나루터로 몰려왔다.

사또 아들, 천석꾼 오첨지 아들, 관찰사 조카가 기생을 하나씩 끼고 꼴사납게 치마 밑으로 손을 넣으며 키득거리고 다가와 "친구가 아직 안왔으니 배 띄우지 말고 기다려!"라며 큰소리를 쳤다. 패거리 중 하나가 어지간히 급했는지 기생을 끼고 솔밭으로 들어간 것이었다.

"스님이 강을 건너야 하는데 지체했다간 날이 어두워집니다. 스님을 먼저 건네드리고 오겠습니다요."

늙은 뱃사공이 사정을 해도 그들은 막무가내다.

"지금쯤 옥문을 닦으며 치마를 추스르고 있을 게야. 기다려!"

사또 아들은 뱃사공을 부르더니 땅바닥에 '내 천(川)' 자를 쓰

고는 "이게 무슨 글자인지 아는가?" 하고 물었다. 눈만 끔벅거리며 뱃사공이 "모르겠습니다요." 하자 웃음보가 터졌다. 사또 아들은 오십 줄에 접어든 뱃사공을 부뚜막에 올라간 강아지 때리듯 막대기로 때리며 "하루에 수십번 내를 건너며 내 천자도 모르다니. 아는 것이라곤 낮에 배 타고 밤이면 마누라 배 타는 것 뿐이지!" 그 말에 또 웃음이 터졌다.

보다 못한 스님의 대갈일성. "젊은이들이 언행이 거칠구먼!" 하지만 오첨지 아들은 "공산에 달이 뜨니 개 짖는 소리 요란하도다."라며 도리어 스님을 비꼬았고, 기생들까지 배꼽을 잡고 웃었다. 스님은 벌겋게 달아올랐지만 참는 수밖에 도리가 없었다.

기생을 끼고 솔밭으로 들어갔던 황부잣집 아들이 돌아오자 모두 배에 올랐다. 스님이 오르려는데 노를 잡고 밀어서 스님은 엉덩방아를 찧었고 배는 떠나버렸다. 또 웃음이 터졌다. 배 위에서는 춤판이 벌어졌다.

"안됩니다. 배가 뒤집힐 수도 있습니다요."
"당신이 노로 균형을 잡아!"

그들은 막무가내였다. 기어코 강 한가운데서

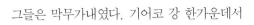

배가 뒤집어졌다. 며칠 전 큰 봄비로 강 물이 불어 강 한가운데는 아수라장이 됐다. 뱃사공이 헤엄을 치다가 뒤를 돌아보며 말했다. "선비님들 헤엄 못치시오?" "못쳐, 못쳐, 어푸~ 어푸!" "내를 건널 땐 내 천 자는 몰라도 헤엄은 칠 줄 알아야지 요." 뱃사공은 유유히 헤엄쳐 나루터로 돌아왔다.

　그날 밤 혈혈단신 뱃사공 고씨가 살던 나루터의 초가삼간이 불 길에 휩싸였다. 아우성을 집어삼킨 강물은 말없이 칠흑같은 어 둠 속으로 흘러갔다. 스님과 뱃사공 고씨는 흔적도 없이 사라졌 다.